Nomad 建模

从基础到进阶

温馨　崔金玉　编著

中国地质大学出版社
ZHONGGUO DIZHI DAXUE CHUBANSHE

图书在版编目(CIP)数据

Nomad 建模:从基础到进阶/温馨,崔金玉编著.—武汉:中国地质大学出版社,2023.9

ISBN 978-7-5625-5600-8

Ⅰ.①N… Ⅱ.①温… ②崔… Ⅲ.①三维动画软件-教材 Ⅳ.①TP391.414

中国国家版本馆 CIP 数据核字(2023)第 142063 号

Nomad 建模——从基础到进阶　　温　馨　崔金玉　**编著**

责任编辑:张玉洁　选题策划:张　琰　张玉洁　责任校对:张咏梅

出版发行:中国地质大学出版社(武汉市洪山区鲁磨路 388 号)　邮政编码:430074

电　话:(027)67883511　传　真:67883580　E-mail:cbb@cug.edu.cn

经　销:全国新华书店　https://www.cugp.cug.edu.cn

开本:787 毫米×1092 毫米 1/16　字数:233 千字　印张:10.75

版次:2023 年 9 月第 1 版　印次:2023 年 9 月第 1 次印刷

印刷:湖北金港彩印有限公司

ISBN 978-7-5625-5600-8　定价:58.00 元

前　言

现今，第四次工业革命全面促进着人类生产、生活的技术变革，3D 数字化设计已成为各行业不可或缺的重要技术工具。从 2021 年开始，随着苹果公司 iPad 设备和 Apple Pencil 性能的提升，适用于 iPad 的各种建模软件开始快速发展起来。其中 Nomad 由于最早完成汉化，并且以一年数十个版本的频率进行快速更新，因而成为当前市场占有率最高的 iPad 建模软件。

本书从 Nomad 建模基础功能应用切入，结合难易程度不同的实操案例进行详细讲解，以满足不同层次读者从零基础学习到进阶的需求。

与电脑端常用建模软件 Rhino 不同，学习使用 Rhino 时，需要理解诸多原理，而 Nomad 软件的建模原理很简单，其建模过程就像在虚拟世界中“捏橡皮泥”，所有相关功能都是“捏橡皮泥”所需的辅助工具，而且其界面简洁、操作便利，所以没有任何美术基础的爱好者也能快速上手。不过，在建模前首先要明确 iPad 这个工具在整个设计过程中的角色定位。它最大的优势是方便快捷，可以随时随地掏出来记录当下的灵感；其不足表现在 iPad 设备的性能是有“天花板”的——虽然我们可以使用 iPad 完成整个建模流程，但面对具有复杂细节及精密加工尺寸要求的建模任务时，更适合切换到电脑端，使用 Rhino、ZBrush 这类建模软件。当然，随着进一步的学习，我们也可以将 Nomad 软件和电脑端建模软件结合使用，实现建模功能的互补。

此外，因为 Nomad 还处于不断的更新完善中，所以在学习的过程中，软件的界面、功能按钮的位置以及翻译名称都可能有新的变化。为此，本书第一章特意备注了很多重要功能的中英文名称，大家在学习过程中可以相互对照验证。

在 3D 建模软件的学习过程中，最重要的是理解原理和形成建模思路。虽然软件功能的学习很容易入门，但还要结合现实世界中对形体的观察，长期积累对美学和雕塑的直觉感受，配合更多的实践练习，这样才会做出更好的 3D 设计作品。保持创新，拥抱变化，才能在不断挑战自我的过程中努力前进。

本书为深圳技术大学教学改革课题结项成果，感谢学校在教材撰写过程中给予的支持与鼓励，感谢慕惜工作室提供的参考案例，感谢好友曹红、朱星儒在书稿修改过程中给予的帮助。因个人能力有限，书中难免有疏漏之处，敬请读者批评指正。

编著者

2023 年 4 月

目　录

1 基础操作与功能

本章将主要介绍 Nomad 软件相关功能在界面中的位置、功能可以实现的效果及功能的设置方式等。可以先快速浏览一遍，了解整体内容后再开始操作。详细的操作方法与应用技巧将在后续章节的具体案例中展开。

1.1 Nomad 界面

1.1.1 界面分布

Nomad 软件操作界面可以分为 8 个部分，如图 1-1 所示，现根据对应编号介绍如下。

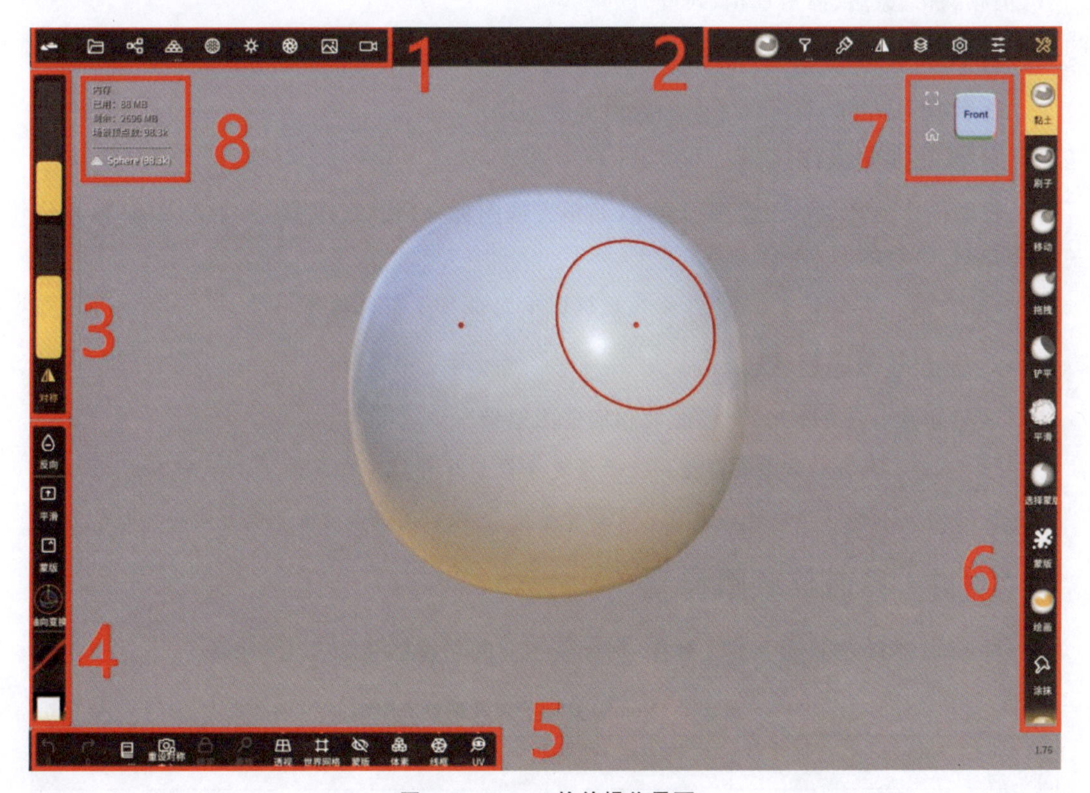

图 1-1 Nomad 软件操作界面

1. 界面顶栏左侧

功能面板名称从左到右依次为 Nomad、项目、场景、网格、材料、渲染模式、后期处理、背景、相机。

2. 界面顶栏右侧

功能面板名称从左到右依次为笔刷选取设置、笔刷设定、上漆、对称设置、图层、显示设置、界面设置、工具。

3. 界面左栏上侧

功能名称从上到下依次为笔刷半径、笔刷强度、对称(对称功能快捷按钮,与顶栏右侧对称设置面板中的相关功能对应)、动态网格。其中,动态网格在网格面板开启后显示。

4. 界面左栏下侧

功能名称从上到下依次为反向、平滑、蒙版、轴向变换、材质球、Alpha。

注意 部分特定功能笔刷开启后,材质球、Alpha 功能可能呈现不可用状态。

5. 界面底栏

功能按钮名称从左到右依次为撤销、重制、历史记录、重设对称中心、锁定、单放、透视、世界网格、蒙版、体素重构、线框、UV。

6. 界面右栏

此栏为点击顶栏最右侧工具图标后展开的效果。

7. 界面视图操作工具

视图操作工具包括完整显示物体(四角方框图标)、回到正视图(小房子图标)和方位视图控制器(彩色立方体图标)。

注意 点击小房子图标,会在正视图中完整显示当前物体。

8. 界面显示场景状态

这部分显示内存占用、物体面数和场景图层情况。

注意 部分功能需要在相关显示设定开启后才会显示在界面上。随着 Nomad 版本的更新,功能按钮的位置和翻译名称可能会有变化,可以以图标或官方更新说明来对照参考。

1.1.2 界面菜单图标

Nomad 基础功能的中英文名称、图标及相应的功能描述如表 1-1 所示。

表 1-1 Nomad 基础功能及其对应图标

功能名称	图标	功能描述
相机(Camera)		相机控制和交互

表1-1（续）

功能名称	图标	功能描述
工具（Tools）		是一个包含多种笔刷或其他工具的列表，业内也经常将其译为“笔刷工具箱”
网格（Topology）		编辑模型的拓扑
笔刷设定（Stroke）		对所选取笔刷的相关参数进行设定
上漆（Painting）		对绘画工具进行设置，也译为“绘画”
项目（Files）		对项目进行管理，或导入、导出文件，也译为“文件”
背景（Background）		更改背景或添加参考图像
渲染模式（Lighting）		有关照亮场景的相关设定
后期处理（Post process）		对屏幕空间视觉效果进行调整
材料（Material）		通过设置相关参数使物体呈现出不同的质地及光学效果
场景（Scene）		添加新基本体并管理场景图层
图层（Layers）		管理当前的对象图层
压感设置（Pressure）		控制笔的压力
对称设置（Symmetry）		用于设置不同的对称模式和效果
显示设置（Settings）		设置与显示相关的各类参数

表 1-1(续)

功能名称	图标	功能描述
界面设置(Interface)		自定义界面相关设置
历史记录(History)		管理相关历史记录

1.2 视图

1.2.1 相机视角

可以使用相机功能面板中的【添加视角】按钮来保存当前相机视角。若单击画面右上角方位视图控制器上相应的视图名称，则相机将恢复视图。除此之外，使用更新视角功能，可以用当前相机视角覆盖之前保存的视角(表 1-2)。

注意 保存视角后，将会保存透视模式类型设置以及参考背景图相关信息。如果要在具有不同背景的前、左、后等多方位视角之间循环切换，可以点击已保存视角，这种切换操作会很便捷。

表 1-2 更新视角功能及其图标

功能名称	图标	功能描述
更新视角(Update view point)		使用当前相机视角覆盖之前保存的视角

1.2.2 视图相关操作

1. 立体旋转视图

可以用一根手指轻触画面空白处并移动来旋转画面视角，但此操作一定要在模型之外进行，如果在模型上移动手指，容易造成误操作。

如果画面放得比较大，整个画面都是模型，看不到背景空白画面，此时如何旋转视图呢？只需像启动平移、缩放手势一样，用两根手指同时触碰屏幕，然后松开一根手指，另一根手指在屏幕中任意位置移动即可。

另外，建议开启【只通过 Apple pencil 雕刻】，这样就不用担心手指在调整视图时对模型的误触雕刻了。

2. 焦点对焦

双击模型可以实现对这个位置的聚焦。如果在背景中双击，摄像机将聚焦在选定的网格上。

3. 平移视图

在屏幕上同时移动两根手指，可以平移视图。

4. 缩放视图

用两根手指在屏幕上作捏合或向外撒开的手势，可以缩小或放大视图。

注意 捏合时手指请勿旋转滑动。

5. 平面旋转视图

可以用两根手指按住屏幕后旋转来旋转视图。此手势仅适用于轨迹球模式。

6. 视图切换操作方式

点击界面右上角的方位视图控制器，可以快速切换到与当前模型角度最接近的视图。点击界面左下角的切换功能快捷按钮，可以迅速切换到与当前视图相反的视图。点击【重设对称中心】功能快捷按钮，可以将视图定位至当前选中物体的几何中心处。

注意 除此之外，在新版本的 Nomad 中，方位视图控制器左侧增加了新的功能图标，上面的四角方框图标可用于完整显示当前物体，下面的小房子图标可用于自动切换至正视图(且完整显示当前物体)。

7. 单放模式

点击【单放】功能快捷按钮，可以单独显示当前选中的场景图层内的物体。

8. 透视模式

相机的透视模式分为透视视图和正交视图两种。一般建议使用透视视图模式，将其垂直视角焦距参数调低一些(使用低 FOV 值)，因为透视角度太大，物体视觉变形会比较厉害，比例会失调。在界面左下角有对应的【透视】功能快捷按钮。

开启正交视图模式，相当于将垂直视角焦距参数设置为 0，会失去近大远小的透视效果。

9. 视图旋转模式

视图旋转有转盘和轨迹球两种模式。

默认情况下，旋转视图时相机使用转盘模式。此种模式对视角切换的自由度有一定的限制，但会使旋转效果更直观，也更好操作。但在某些情况下，如果需要更大的灵活性，可以切换到轨迹球模式，用两根手指按住屏幕后旋转视图。

10. 相机中心点

当你旋转相机时，可以看到一个粉色小点，这就是相机中心点。了解相机中心点的位置，才能方便地进行视图操作。

默认情况下，可以通过以下操作对相机中心点的位置进行更新：①在模型上双击（新的相机中心点将位于模型的几何中心）；②在画面背景空白处双击（新的相机中心点将位于地面网格的中心）；③将两根手指放在屏幕上，做平移、缩放、平面旋转的手势动作（相机中心点位置将更新为两根手指间）。

当你操作熟练后，为了保持画面简洁，也可以打开【显示设置】菜单，隐藏相机中心点的粉色圆点。

1.3 笔刷工具

在Nomad软件中，所有造型操作都是用工具箱内的笔刷来实现的，它相当于现实世界中雕塑时所用的各种雕刻刀。不同笔刷的用法和特性各不相同，并且每个笔刷都可以独立设置。

1.3.1 笔刷工具箱

笔刷工具箱中有20余种常用的笔刷工具，还集成了一些操作功能图标，如轴向变换、自由变换、浏览模式等（表1-3）。

表1-3 笔刷工具箱图标对应表

笔刷或操作功能名称	图标	笔刷或操作功能名称	图标
黏土笔刷（Clay）		触碰笔刷（Nudge）	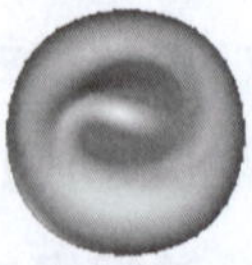
刷子笔刷（Brush）		图章笔刷（Stamp）	
铲平笔刷（Flatten）		擦除笔刷（Delete layer）	
膨胀笔刷（Inflate）	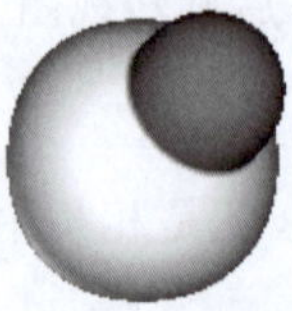	平滑笔刷（Smooth）	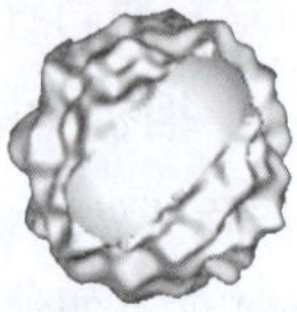

表1-3（续）

笔刷或操作功能名称	图标	笔刷或操作功能名称	图标
层笔刷（Layer）		蒙版笔刷（Mask）	
褶皱笔刷（Crease）		选择蒙版（SelMask）	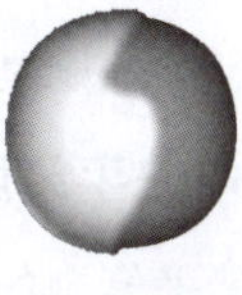
挤捏笔刷（Pinch）		拖拽笔刷（Drag）	
移动笔刷（Move）		轴向变换（Gizmo）	
绘画笔刷（Paint）	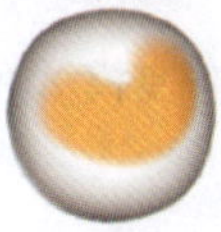	自由变换（Transform）	
涂抹笔刷（Smudge）		插入笔刷（Insert）	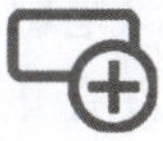
裁切笔刷（Trim）		圆管笔刷（Tube）	
分割笔刷（Split）		车削笔刷（Lath）	
投射笔刷（Project）		浏览模式（View）	

1.3.2 笔刷功能介绍

1. 黏土笔刷(Clay)

黏土笔刷常用于雕塑起型,是最常用的基础笔刷。它可以让雕刻的模型充满雕塑感肌理。

2. 刷子笔刷(Brush)

刷子笔刷是 Nomad 软件中的普通标准笔刷,用于常规不需要体现笔触的雕刻。

3. 铲平笔刷(Flatten)

铲平笔刷的作用是把笔刷区域内的网格投影拍平在当前视图方向对应的水平面上。它常用于局部的平整面处理,以及一些棱角处的倒角处理。

4. 膨胀笔刷(Inflate)

借助膨胀笔刷,可以使笔刷半径区域内的网格顶点沿着自身法线方向向外移动。它常用于圆雕雕刻处理以及细小部位加粗处理。

5. 触碰笔刷(Nudge)

借助触碰笔刷,可以沿笔滑动的方向轻推笔刷半径区域内的网格顶点。它常用于融化形态等偏自然造型以及液体的塑造。

6. 图章笔刷(Stamp)

图章笔刷相当于加了 Alpha 笔触效果并开启拖拽模式的刷子笔刷,常用于单个图案浮雕的制作。

7. 擦除笔刷(Delete layer)

擦除笔刷用于在笔触图层处于开启状态时消除当前笔触图层的笔刷效果。如果笔触图层没有开启,那么这个功能不会产生任何效果。

8. 平滑笔刷(Smooth)

平滑笔刷用于抛光物体表面,其算法原理是将笔刷区域内的网格顶点高度归于平均值。若物体的网格比较密,面数比较多,则平滑笔刷的效果不明显。物体面数越少,平滑效果越明显。平滑笔刷还有一个备用的辅助模式是【规整网格】(Relax),开启【边线粘性顶点】,会尽可能保留笔刷半径区域内交接边缘处网格的几何细节。

9. 层笔刷(Layer)

层笔刷通过限制雕刻笔触效果的最大高度来雕刻,它在笔触图层处于开启状态时更有用,常用于规整浮雕花纹的绘制以及物体局部的加厚处理。

10. 褶皱笔刷(Crease)

褶皱笔刷常用于制作折痕、小的切口以及凹痕。

11. 挤捏笔刷(Pinch)

借助挤捏笔刷,可使笔刷半径区域内的网格向中心处聚拢。它常用于锐化边缘,让边缘显得更硬朗。

12. 移动笔刷(Move)

移动笔刷常用于雕刻过程中的形体塑造和拉伸处理,但其影响范围较小,拉伸效果较弱。

13. 绘画笔刷(Paint)

绘画笔刷专用于模型的着色处理,它根据物体网格顶点来绑定颜色信息。绘画笔刷不仅可以用于颜色绘制,还可以用来赋予物体不同的材质质感。

14. 涂抹笔刷(Smudge)

涂抹笔刷仅配合绘画笔刷使用,常用于绘画着色区域的边缘柔化和不同材质颜色的混合处理。

15. 裁切笔刷(Trim)

裁切笔刷的算法原理是裁切掉选择区域内的网格后,自动填补封闭因此产生的孔洞。Nomad 界面左侧栏有不同的形状模式可供选择,进行选择区域的框选绘制时,沿顺时针或逆时针绘制,其效果是一样的。

此外,界面左侧栏有填补孔洞的快捷选项图标,关闭后,将不会进行封闭孔洞的运算,裁切生成的网格将是一个开放性的单层面网格。

16. 分割笔刷(Split)

分割笔刷与裁切笔刷的操作方式及效果类似,不同点是前者保留了裁切掉的那部分网格,并生成在新的场景图层内。

17. 投射笔刷(Project)

投射笔刷的算法原理是将笔刷绘制范围内的网格投影在所绘制形状的边缘。与裁切笔刷不同,使用投射笔刷后,物体的网格拓扑保持完好无损。

18. 蒙版笔刷(Mask)

在不同的软件版本中,Mask 可能被翻译为“蒙版笔刷”或“遮罩”,其算法原理是将笔刷区域内的网格用阴影保护起来,就像加了一层蒙版,此区域是无法被编辑的。

1) 蒙版笔刷相关功能的操作手势和技巧

蒙版笔刷的相关功能包括锐化、模糊、反转、清除、隐藏等,既可以借助蒙版笔刷设置面板内的相关按钮来实现对应操作,也可以通过按住界面左栏或底栏的【蒙版】功能快捷按钮,并执行和 ZBrush 软件中一样的手势操作技巧,从而实现相关功能效果。

(1) 锐化(Sharpen):锐化蒙版边缘。按住界面左栏【蒙版】功能快捷按钮不松开,并单击未绘制蒙版区域可实现此功能。

(2) 模糊(Blur):柔化蒙版边缘。按住界面左栏【蒙版】功能快捷按钮不松开,并单击蒙版区域可实现此功能。

(3) 反转(Invert):将非蒙版区域反转。按住界面左栏【蒙版】功能快捷按钮不松开,并单击背景可实现此功能。

(4) 清除(Clear):清除全部蒙版。按住界面左栏【蒙版】功能快捷按钮不松开,并用笔在背景上拖动可实现此功能。

(5) 隐藏(Hide mask):绘制了蒙版的区域将会被隐藏。点击界面底栏的【蒙版】功能快捷按钮(小眼睛图标)可实现此功能。

2) 抽壳功能操作

抽壳,其英文 Shell,也常被译为"提取",它是将增加厚度后的蒙版区域提取为独立模型的一种成型功能,需要和蒙版笔刷配合使用。

在蒙版绘制完成后,可以在蒙版笔刷相关设置面板里找到抽壳功能,将绘制了蒙版的相关网格提取出来,通过不同选项设置实现不同的抽壳效果。

抽壳功能选项有三种:① 无(None)——保持提取部分的网格开放性。② 填补(Fill)——所提取的网格上所有的孔洞都将被封闭和填平。此选项不能用于平面或开放性单层面网格。③抽壳(Shell)——对提取部分的网格进行偏移,使其加厚成体,偏移量与抽壳厚度参数一致。

延展知识点 当选择上述第三种抽壳模式时,蒙版的浓淡程度会影响抽壳模型的厚度。蒙版越虚化,生成的抽壳模型厚度越小。

使用蒙版笔刷设定完 Alpha 素材后,开启【笔刷】—【笔刷模式】—【抓取-可调半径】,可以绘制 Alpha 蒙版图案。之后,通过拖拽笔刷拉出浮雕体积,再使用抽壳功能,可以使浮雕部分独立出来。

19. 选择蒙版(SelMask)

选择蒙版和蒙版笔刷很相似,主要区别是使用选择蒙版工具时,不必一笔一笔地描边来画蒙版,而可以使用界面左栏的形状选择器。

注意 只有在选择了界面左栏形状选择器里的任一形状后,选择蒙版工具才能生效。

20. 拖拽笔刷(Drag)

拖拽笔刷常用于雕刻过程中的形体塑造和拉伸处理,其拉伸效果较强。

21. 轴向变换(Gizmo)

借助轴向变换工具,可以对物体进行平移、旋转和缩放操作。

在 Nomad 软件中,可以利用轴向变换工具对物体的整体或局部进行变动相关操作。通常独立物体是计算时的首选,如果开启了对称效果或有物体表面绘制了蒙版,则轴向变换工具开启后,操作轴显示和计算的初始位置会不同。

1) 轴向变换工具的设置

轴向变换工具的选项有三种:① 返回原点(Move origin)——将网格移动到世界中心原点,不改变物体本身的形状。②重设(Reset)——重设与物体变换相关的所有操作。

③烘焙(Bake)——将物体变换的相关操作进行保存,使用后当前位置中心将会成为新的坐标原点。

注意 默认情况下,对称效果是关闭的。轴向变换工具的操作轴在物体的对称中心且物体在世界中心处时,请勿开启对称功能,可以先使物体离开世界中心,再使用对称面板里的镜像功能得到另一半对称模型。

2) 轴向变换左栏功能选项(表 1-4)

表 1-4 轴向变换左栏功能选项表

轴向变换左栏功能选项	图标	功能描述
克隆(Duplicate)		界面左栏【克隆】选项开启后,移动物体将会得到新的复制体
实例(Instance)		【实例】选项与【克隆】选项功能效果类似,但新生成的副本物体和原始物体间具有与 Rhino 软件中记录建构历史功能类似的效果,若修改一个物体,则其他复制体会同时发生相同的改变
目标设定(Target)		点开图标后可以选择当前操作对哪类对象生效,分为自动选择、基于顶点、基于对象、组四种模式,默认是组模式,一般不需要调整
编辑原点(Pivot)		开启后进入编辑原点模式,此时轴向变换的操作轴能进行移动操作,可以用来调整操作轴方位或角度,物体本身不受影响。点击图标内的【重置】按钮则复原操作轴原始位置。如果想让物体还原回原始位置,可以点击轴向变换设置面板中的【返回原点】按钮
角度吸附(Rotation snap)		开启【角度吸附】选项后,可以根据设定的角度参数精准旋转物体
移动吸附(Translation snap)		开启【移动吸附】选项后,可以根据设定的距离参数精准平移物体
Pin	Pin	开启【Pin】选项后,可以以当前选中物体的几何中心为操作轴的中心
切换(Align)	切换	开启【切换】选项后,可以将操作轴定位于世界中心位置

22.自由变换(Transform)

自由变换工具的操作方法是使用两根手指平移、旋转或缩放模型。这种交互方式类似于视图相关操作。在左栏开启不同的变换模式,可以实现不同的变换效果——开启【平移】选项,可以通过两根手指在屏幕上移动来平移模型;开启【缩放】选项,可以通过捏合或撤开的手势缩放模型;开启【旋转】选项,可以通过两根手指在屏幕旋转画圈来旋转模型;开启【表面吸附】选项,可以实现与插入笔刷类似的效果,将当前物体吸附在另一个对象物体的表面。

操作时,可以分别禁用这些选项中的每一个。例如,关闭【缩放】选项,将只能同时平移和旋转模型。

23. 插入笔刷(Insert)

插入笔刷用于将当前选中的物体(用于插入的物体 B)或其他基本体插入另一个物体(主体物 A)的表面。操作方法:选择用于插入的物体 B,开启左栏【克隆】功能快捷按钮,然后在主体物 A 上进行点击,完成插入操作。此时在 A 表面通过 B 生成的物体为插入完成物 C。插入的物体 B,其默认方向和软件三视图坐标方向一致。当完成插入操作后,插入完成物 C 会吸附在主体物 A 的表面,并且它在主体物 A 的相对深度位置,与物体 B 轴向变换的操作轴位置有关,默认位置是在物体 B 的几何中心处,通过物体轴向变换工具的编辑原点功能,可以调整操作轴的位置。

24. 圆管笔刷(Tube)

圆管笔刷的算法原理是根据绘制的一条曲线来创建一个圆管物体,然后通过界面顶部的漂浮工具栏来编辑它的半径。启用圆管笔刷后,界面顶部会显示漂浮工具栏,界面左侧工具栏也会显示新的选项。

注意 只有在开启界面左侧工具栏内的【曲线】或【路径】功能快捷按钮后,才能正常使用圆管笔刷工具。开启【吸附】功能快捷按钮后,就可以让生成的圆管贴合在主体物表面,它常用于花纹或镂空结构制作。

此外,界面顶部漂浮工具栏的【镜像】功能快捷按钮选项仅适用于圆管笔刷。

点击界面顶部漂浮工具栏的【转换】功能按钮后,物体将被“烘焙”,不能再编辑相关曲线形状和半径参数。

注意 “烘焙”为 3D 建模常用的专业术语,当可以通过参数等方式调整的模型被确定为最终版本,不能再对其参数进行编辑时,这个操作就叫“烘焙”,就像面团被烤箱烘焙后再也无法塑形一样。它也常被译为“转换”。

25. 车削笔刷(Lath)

车削笔刷的算法原理是根据绘制的一条曲线围绕旋转轴生成物体。界面左侧工具栏【闭合】功能快捷按钮开启后,绘制的横截面曲线会自动封口,生成的物体为圆环结构。如果【闭合】功能快捷按钮为关闭状态,则生成物体时,两端洞口将自动填平。

界面左侧工具栏【固定位置】功能快捷按钮开启后,界面正中心竖直方向的橙色直线为旋转轴。如果【固定位置】功能快捷按钮为关闭状态,则会将所绘制的横截面曲线首尾两端的连接直线识别为旋转轴。

26. 浏览模式(View)

浏览模式不具有任何可操作功能,只用于查看模型。

1.4 网格拓扑

1.4.1 拓扑原理

Nomad 是一个基于多边形网格的 3D 软件，它使用三角形和四边形来处理几何图形。软件中的拓扑结构主要指点与点之间的连接方式。当你想雕刻或绘制精细细节时，观察拓扑结构很重要。在雕刻过程中，要对面数有所控制，雕刻部位网格面数的多少会直接影响最终雕刻效果。

点击界面底栏中的【线框】功能快捷按钮，可以展示物体的拓扑结构网格线。此外，关闭界面顶栏【显示设置】—【平滑阴影】选项，可以观察到模型的面数对模型表面细腻程度的影响。

1.4.2 编辑拓扑结构的方式

目前编辑一个物体的拓扑结构主要通过以下四种功能来实现。

(1) 多重网格(Multiresolution)：在物体的多种网格细分级别分辨率之间来回切换。

(2) 体素网格重构(Voxel remeshing)：根据分辨率参数以具有均匀密度的小面重新计算物体的新拓扑。在顶栏【工具】面板中，选择【体素】—【体素网格重构】—【重构】按钮，即可使用此功能。

(3) 动态网格(Dynamic topology)：在雕刻或绘画时，实时添加或减少面。

(4) 成型简化(Decimation)：在保留尽可能多的细节的同时，减少模型面数。常用于模型文件导出前的优化处理。

1.4.3 多重网格功能

每使用一次多重网格功能可以让物体的面数增加 4 倍，在保留细节的同时让物体表面更光滑。对于拥有细分级别的模型，可以通过拉动多重网格面板的滑条，使分辨率在低细分级别和高细分级别间切换。

注意 使用多重网格功能时，一定要密切关注当前模型的面数，若细分级别过高，会导致模型面数过多，容易造成软件闪退或 iPad 内存爆满。

延展知识点 如果勾选了【平面细分】选项，则细分后只会增加面数，不会实现平滑的效果。

1.4.4 体素网格重构功能

使用体素网格重构功能时，将强制性地根据分辨率参数以具有均匀密度的小面对整个物体的网格计算新拓扑，这意味着新生成的所有多边形大小基本相同。

该功能常用于建模起大形阶段进行自由形式的雕刻时。

在常规雕刻工作流程中，可以使用体素网格重构功能以比较低的分辨率开始起大形，这样生成的物体面数会比较少，运算速度快，也更容易使用平滑笔刷进行抛光处理。使用拖拽笔刷拉伸物体网格时，若拉伸过度，只需点击体素网格重构功能的【重构】按钮，即可进行新的拓扑运算，避免过度变形。在界面底栏也有【体素重构】的快捷按钮，它与体素网格重构是同一个功能。

注意 进行体素重构运算后，模型会丢失一定的细节，在棱角处尤为明显，会出现锯齿状瑕疵，所以对于已经进行精细雕刻的模型，应慎用此功能。

在相同分辨率下，如果进行多次重构运算，只有雕刻过的部位才会进行新的局部运算，没变化的部位将不会参与新的运算。

对于开放性单层面网格，进行重构运算时，会先填补孔洞，再进行运算。如果孔洞过大或不满足封闭孔洞的要求，则运算后模型可能出现破面或其他意外错误。单层平面属于单层面网格，建模时应该对其禁用体素网格重构功能。

延展知识点 体素相关布尔运算可以用于两个物体的合并或相减，在体素网格重构功能面板中，勾选【保留硬边】选项后，两个物体相减的边缘处会保持较为锐利整齐的边缘，可以避免锯齿瑕疵。布尔运算操作技巧详见与场景面板相关的章节(1.8.6 Nomad 中的布尔运算)。

1.4.5　动态网格功能

当开启界面顶栏【网格】—【动态网格】—【启用】按钮后，可以实现笔刷的动态网格功能，这个选项是对所有笔刷生效的。开启功能后，在界面左栏可以看到动态网格快捷按钮，如果 iPad 屏幕尺寸较小，功能按钮无法完全显示，可以通过上下滑动工具栏观察到完整功能。关闭这个快捷按钮，则对当前笔刷单独关闭动态网格功能。

1. 细节等级模式选项效果对比

动态网格面板中的细分等级模式有三个选项：缩放、半径和网格。推荐选用半径模式。

(1) 缩放(Zoom)：增加细节面数的多少取决于相机视角离物体的画面远近。

(2) 半径(Radius)：笔刷的半径大小决定了增加细节面数的多少。笔刷半径越小，增加面数越多；笔刷半径越大，则增加面数越少。

(3) 网格(Constant)：细节控制效果取决于体素网格重构功能面板中的分辨率参数。

2. 偏好设定

在动态网格面板中，【偏向于……】选项有速度和性能两种模式可供选择。推荐选用速度模式，因为在此种模式下雕刻，软件操作起来更流畅。相比之下，选用性能模式后，对网格的计算更精细，但它对 iPad 设备配置有要求。

注意 (1) 在雕刻细节时，建议可以先将物体细分，再开启笔刷的动态网格功能。勾选【保护蒙版区域】选项后，有蒙版保护的部位将不参与动态网格的运算。

(2) 当使用体素网格重构功能、动态网格功能,或裁切笔刷、分割笔刷工具时,物体的拓扑结构会被改变,除了当前细分级别数据外,其他细分级别数据都将丢失。

3. 动态网格模式设置效果对比

(1) 标准(Uniformisation):此模式开启后,动态网格的运算将会根据细节等级模式的设定进行。

(2) 细分(Subdivision):只能增加细节,增加面数。

(3) 简化(Decimation):只能简化细节,减少面数。

1.4.6 拓扑(Deci/UV)面板

1. 成型简化(Decimation)功能

成型简化功能是在保留尽可能多的细节的同时来减少模型面数。

如果想导出模型用于 3D 打印,这个功能会很有用,因为对于一般的家用或小型 3D 打印设备,超出 20 万面的模型就不能被正常识别或进行切片运算。

注意 这个功能一般是在工作流最后一步才使用,所以在使用此功能前,建议保存好备份模型文件。此外,因为简化后的模型中会产生不均匀的三角形,所以它不适合继续雕刻细节。如果想继续雕刻,应该在原始模型上进行。

延展知识点 绘制了蒙版区域的细节将受到保护,此部位不会参与成型简化的运算。

2. UV 自动展开(UV auto-unwrap)功能

UV 自动展开功能用于计算当前网格的纹理坐标(UV)。这种运算后的结果一般不在 Nomad 中使用,而在其他绘画类或渲染类软件(如 Procreate)中使用。

注意 使用 UV 自动展开功能进行计算时,往往需要比较长的时间,所以一定要提前保存文件,并且模型顶点数最好不要超过 10 万(100k),否则 iPad 设备会运行卡顿甚至闪退。对于复杂模型,还是建议使用 ZBrush 等电脑端建模软件进行处理。

3. 烘焙纹理(Texture baking)功能

烘焙纹理功能适用于使用了 UV 自动展开功能后的模型或自带 UV 的导入模型。使用此功能后,模型上的贴图或绘画内容才能导出。【From itself】选项可用于将物体表面的绘画图案生成为纹理贴图。目前此功能仅支持颜色、粗糙度和金属度这三种渲染相关参数信息的烘焙。

4. 三面体(Triplanar)功能

三面体功能是根据物体的三视图平面投影出的剪影,重新生成一个新的简化模型。对于在三视图平面上出现的蒙版,可以用蒙版笔刷进行二次编辑,编辑后会生成新的模型。

注意 若三视图的蒙版形态互相矛盾，则有可能无法正常生成模型。可以只画一个视图的蒙版并清除另外两个视图中额外绘制的错误蒙版，以避免出现三视图互相矛盾的情况。

此外，在 Nomad 的某些更新版本中，对使用三面体功能生成的模型进行抽壳操作时，抽壳出的物体可能会呈现出奇怪的形状。

1.5 对称功能

打开对称设置面板并勾选【启用】选项后，笔刷开启对称功能，其作用等同于 Nomad 界面左栏的【对称】快捷按钮图标。开启对称功能后，可以进行对称性雕刻或绘画操作，雕刻一侧时，另一侧会同步产生一样的效果变化。

注意 对称是一个全局性选项，因此开启后大部分工具都会处于对称开启的状态。唯一的例外是轴向变换相关工具，其对称状态是独立控制的。

1.5.1 平面（Planes）设定

可以通过三个按钮分别将 *X*、*Y*、*Z* 三个轴向所在的平面（以下简称为轴向平面）设定为对称轴平面，不同的轴向平面其对称方向是不同的，*X*、*Y*、*Z* 三个轴向平面可以同时开启，在此种情况下，可以对物体的上、下、左、右进行对称雕刻。

1.5.2 径向（Radial）对称功能

径向 *X*、*Y*、*Z* 三个参数条是用来实现环形对称效果的，在相应参数条填入参数即可以此轴向进行相应数量的环形对称操作。

1.5.3 类型（Method）模式选项

1. 本体对称（Local）

本体对称模式的功能效果是以物体几何中心所在的平面为对称轴平面，并且支持使用轴向变换等工具移动调整这个对称轴平面。勾选对称面板底部的【编辑 Gizmo】功能选项，可以开启这种调整对称轴平面的操作模式。

注意 【编辑 Gizmo】功能为 Nomad 实验性功能，尚未完善，使用过程中可能会出意外错误，所以应慎重使用，使用前一定要及时保存文件。后期随着 Nomad 软件版本的更新，此功能的位置或名称翻译可能会改变。

2. 世界对称（World）

世界对称模式的功能效果是以场景的世界中心所在的 *X*、*Y*、*Z* 三个轴向平面为对称轴平面，并且对称轴平面位置默认是固定不变的。

1.5.4 镜像(Mirroring)功能

运用镜像功能可以将不对称的模型强制性变成对称模型，点击相关按钮可完成对应操作，如点击【从左至右】(Left to right)功能按钮后，将会把左侧效果应用到右侧。若因为忘记开启对称功能，或模型自有缺陷等原因，雕刻或绘画时产生了一些不对称的情况，就可以使用镜像功能。

注意 勾选【保护蒙版区域】(Protect masked area)选项后，在镜像时将不会更改受蒙版保护的区域。此外，如果原始模型的网格拓扑结构不对称，在使用镜像功能实现强制对称效果后，拓扑结构会改变，因此模型的多重网格细分级别等相关信息可能会丢失。

点击【翻转对象】(Flip object)按钮后，只会将物体的左右两侧交换位置，并不会产生强制性对称效果。

1.5.5 重设(Reset)功能

(1) 对象中心(Object center)：点击此功能后，将会以当前模型的几何中心为对称中心。

(2) 方向(Orientation)：点击此功能后，将会重置对称轴平面。

1.5.6 高级设置(Advanced)

(1) 显示线条(Show line)：勾选此选项后，将会在物体表面显示对称中线。

(2) 显示平面(Show plane)：勾选此选项后，将会在场景内显示半透明状的对称轴平面，对称轴平面颜色和已设定对称轴平面的颜色一致。

1.6 笔刷设定面板

笔刷设定面板主要用于对笔刷的雕刻效果进行调试设定。每个笔刷的设定都是独立的，如关于笔刷 A 的设定只对该笔刷有效，使用笔刷 B 时并不受此设定的影响。

恒定笔刷半径(World-space radius)：勾选此选项后，所有笔刷半径可以统一调整，建议关闭。

恒定半径(Share radius)：勾选此选项后，所有笔刷半径为统一固定数值，建议关闭。

1.6.1 Alpha(灰度图)

Alpha 功能，可以理解为以图片的灰度信息作为控制网格凹凸深度的参数，类似于以单色素描来表现物体表面的起伏。它可以为笔刷带来不同的肌理效果，也可以用于浮雕造型。Alpha 图中黑色代表着不产生变化，白色代表着最强变化效果。

注意 Alpha 图的像素质量和物体的网格面数决定了最终呈现效果，若图像素材像素质量不高，则使用 Alpha 功能时会产生锯齿状瑕疵。

反转像素(Invert pixels)：勾选此选项后，Alpha 图的黑白颜色将会颠倒置换。

1.6.2 形状缩放(Scaling)

形状缩放参数在最大值时，笔刷范围在 Alpha 图内(图 1-2 左)，绘制时圆形外的 Alpha 图案不会呈现出来。形状缩放参数在最小值时，笔刷范围在 Alpha 图外(图 1-2 右)，绘制时图中圆形和方形间的空隙处不会有任何图案呈现。

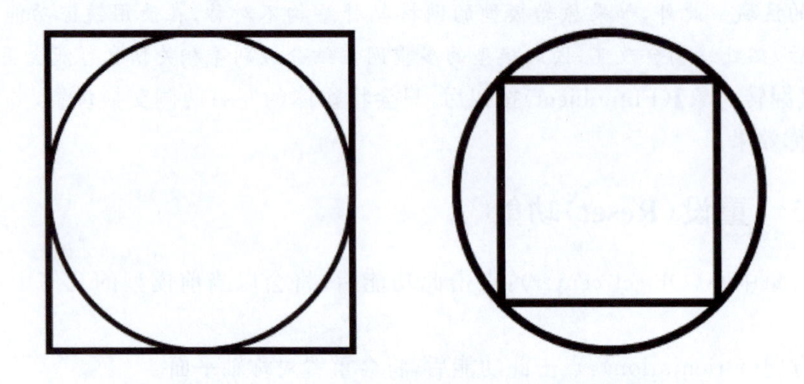

图 1-2 Alpha 图(方形)与笔刷范围(图形)关系

除了上述【形状缩放】外，其他选项参数不建议更改，否则会影响雕刻效果。

1.6.3 衰减(Falloff)

衰减是在衰减控制器内使用一条曲线来控制笔刷雕刻强度的变化效果。当曲线在衰减控制器内的顶部位置时，会得到最强笔刷效果；当它在衰减控制器的底部位置时，笔刷没有效果。当曲线为一条直线时，笔刷的雕刻笔触比较均匀，没有起伏变化，其作用类似于笔刷工具箱里的层笔刷。

1.6.4 笔刷设定(Stroke)选项

(1) 调整间距强度(Adjust spacing intensity)：根据笔刷间距调整画笔强度以确保变形一致。此选项默认开启。

(2) 笔刷间距(Stroke spacing)：该选项可用于调节笔刷的每一个笔画之间的距离。它与笔刷半径有一定的相关性。将笔刷间距参数调小，可以使笔触显得更加流畅顺滑；将笔刷间距参数调大，可以实现连续单点的效果。

(3) 笔刷落后(Lazy rope stabilizer)：以延长线的效果来呈现，笔刷绘制的实际位置会比落笔的位置延后一段距离。这个功能可以用于绘制有较好平滑度的长线条。

(4) 平滑笔刷(Smooth)：平均计算落笔处多个方向位置以获得更平滑的笔触。平滑笔刷的参数值过大时,笔触会落后于指针,但最终会赶上,可用于绘制流畅的线条。

注意 在性能较低的 iPad 中使用 Nomad 软件时,一定不要选择【平滑笔刷】选项。

(5) 续接笔刷范围(Snap radius):绘制长线条时,若笔刷出现频繁停顿的现象,可以开启此功能。续接笔刷范围功能的算法为当落笔处在最后一笔的续接范围内,笔刷将会自动续接上。

1.6.5 笔触类型(Stroke type)

(1) 点(Dot):点是默认的笔触状态。

(2) 抓取-可调半径(Grab-dynamic radius):选择此项后,用笔或手指在物体表面拖动,可以更改半径的笔触样式。

(3) 抓取-可调强度(Grab-dynamic intensity):选择此项后,用笔或手指在物体表面拖动,可以更改雕刻强度的笔触样式(不常用)。

注意 退出 App 后,笔触类型将会还原成预设状态。

1.6.6 Filter

叠加笔刷(Accumulate stroke):默认勾选此项。启用此选项后,可添加或减去的笔画数量将不受限制。

连接拓扑(Connected topology):建议勾选此项。启用此选项后,将仅雕刻连接到所选表面的顶点,常用于移动工具。例如,你做了一个牛角面包的模型,两端的角尖因为过长互相交叉了,若想移动与另一部分自相交的部分,可以开启【连接拓扑】选项。

只影响对象表面(Front-facing vertex only):建议勾选此项。启用此选项后,雕刻比较薄的物体时背面将不会受到影响。

注意 对于拖拽笔刷、移动笔刷等变形类笔刷,不建议开启此选项。

允许动态网格(Allow dynamic topology):开启笔刷的动态网格功能并启用此选项,对应的是界面左栏的动态网格快捷按钮。平时操作不需要从这里进行勾选。

1.6.7 上漆(Painting)菜单

在部分软件版本中,Painting 有时也被译为"绘画"。设定好材质后,点击【全部上色】(Paint all)按钮可以将设定好的材质赋予给当前选中的物体。点击【强制全部上色】(Force paint all)按钮后,当前选中物体受蒙版保护的区域也会被赋予材质。

【材料】【PBR 绘画】目前使用三个通道:调色盘颜色设定、粗糙度设定和金属度设定。

(1) 调色盘颜色设定:设定材质的底色。

(2) 粗糙度设定:设定物体表面粗糙的程度。较低的粗糙度参数值意味着物体表面光滑度很好,对环境的映射效果很强。粗糙度参数值为 0 时,材质呈现镜面抛光效果(表 1-5)。

(3) 金属度设定：决定材质是否呈现金属质感。金属度参数值为100%时，材质呈现完全金属质感效果(表 1-5)。

注意 对于以上三个材质通道，都可以通过取消勾选来实现禁用效果。如果在渲染模式面板中选择了材质捕捉模式(见 1.11.1 相关内容)，则只能对调色盘颜色进行设定。此外，如果不是对模型整体赋予同种材质，而是局部绘制材质，则物体面数过少会直接影响图案绘制效果。

表 1-5 粗糙度与金属度效果展示表

粗糙度	金属度	
	0%	100%
0%		
50%		
100%		

Nomad 当前仅支持与顶点绘制相同原理的表面图案绘制。3D 模型的面就像 2D 图像的像素一样，面数越多，就能绘制越精细的图案细节。

1.6.8 纹理贴图(Tecture)功能

1.7 及以上版本的 Nomad 软件支持导入两种纹理贴图：一种是具有纹理贴图性质的单个素材，另一种是已经绑定在模型表面有纹理坐标信息的纹理贴图。

笔刷可以通过 Alpha 图来实现纹理效果，纹理贴图功能与之类似，但纹理贴图只是一个普通图像(支持彩色)，为了将这个图像包裹在模型周围，模型需要纹理坐标 (UV)。

Nomad 可以自动计算这些坐标，但由于 iPad 设备和 iOS 系统软件开发算法的局限性，该软件中 UV 展开的计算质量和复杂程度与电脑端软件相比还有一些距离，并且当前版本(1.78 及以前的版本)还不具有对 UV 展开的接缝位置进行修改等进阶功能，因此仅借助 Nomad 软件，无法制作出高级的纹理。只有当你将模型导出到其他软件(如 Procreate 等)绘制纹理时，在 Nomad 里生成 UV 才有用。

纹理贴图功能工作流示例如下。

步骤1:在 Nomad 上雕刻,然后点击【网格】面板—【UV 自动展开】—【展开 UV】。展开 UV 的运算会消耗较长时间,使用前一定先保存好文件。此外,纹理贴图功能仅限于顶点数小于10万(100k)的模型使用。

步骤2:完成展开 UV 后,如果已经开始在 Nomad 中绘制纹理,可以使用烘焙纹理功能将物体表面绘画转化为可以导出的纹理。

步骤3:将文件导出到 Procreate,使用 Procreate 中的纹理功能进行纹理贴图的绘制。

步骤4:从 Procreate 将相关文件导出,再导入到 Nomad 中进行最终效果渲染。

1.7 笔刷图层

1.7.1 图层(Layers)面板

这里的图层是指笔刷图层,而非场景图层。笔刷图层可以记录雕刻过程中笔刷的位置变化和绘画数据,用于非线性工作流。在对不同笔刷的雕刻效果进行测试时,如果没有使用笔刷图层,就需要画上一笔看看效果,若不满意,再往回撤销;开启笔刷图层后,因为笔刷的最终雕刻效果由多个图层叠加呈现,所以可以通过打开或关闭不同的图层来调整笔刷效果,操作灵活且便利。图层面板功能如表1-6所示。

表1-6 图层面板功能

功能名称	图标	功能描述
显示(Visible)		点击图标,可显示笔刷图层;再次点击,则将隐藏笔刷图层
重命名(Edit name)		编辑当前笔刷图层的名称
删除(Delete)		删除当前笔刷图层
移动(Move)		按住该图标可移动当前笔刷图层在列表中的位置
克隆(Duplicate)		复制当前笔刷图层

表1-6(续)

功能名称	图标	功能描述
向下合并(Merge down)		将当前笔刷图层与下层(或基底)合并
更多(More)	●●●	开启更多控制选项

对于绘画数据,笔刷图层是以自上而下的方式进行排序的,所以上面的笔刷图层效果会掩盖下面的笔刷图层效果。笔刷图层的顺序只会影响绘画类笔刷(能绘制颜色的都算绘画类笔刷)的效果,而对雕刻类笔刷的效果不产生影响。可以使用笔刷工具箱内的擦除笔刷来清除当前的雕刻效果。

1.7.2 【更多】按钮点开后的面板

在 1.7 及以后版本的 Nomad 软件中,【更多】按钮点开后的面板一共有四种通道类型可以调整——偏移参数、颜色参数、粗糙度参数、金属度参数。偏移参数用于控制笔刷的雕刻深浅效果,相当于调整笔刷产生的偏移信息。另外三种参数都用于调整绘画类笔刷所绘制的材质效果。其算法原理是以当前绘制效果为基础,参数为 1,通过将参数调整为小于 1 的数值来实现减弱效果。

注意 如果在通道中调整当前绘制效果所不包含的信息,就不会产生任何效果。例如使用绘画笔刷给物体赋予了一种不带金属度的材质,在这种情况下调整金属度参数是不会产生任何效果的。

1.7.3 笔刷图层—抽壳(Extract)功能

与蒙版笔刷中的抽壳功能不同,这里的抽壳范围是根据笔刷的雕刻范围计算的,如果赋予模型以材质或颜色,就会容易观察到。对于雕刻类笔刷图层,应慎用此功能,否则将不方便观察抽壳效果。此外,也可以通过点击【蒙版】按钮将笔刷的雕刻范围转化成覆盖蒙版后的效果,这种蒙版效果不影响偏移参数的调整,但使用笔刷雕刻时将会受到蒙版效果影响,被蒙版保护的区域无法被雕刻。使用抽壳功能后会在新的场景图层生成模型,该模型也是带独立笔刷图层的。

【笔刷图层】—【关闭操作】(Closing action)分为四种模式:无(None)、填补(Fill)、抽壳(Shell)、层(Layer)。

无(None):将蒙版区域生成单层面。

填补(Fill):根据边缘将整个洞口填满,注意不要在平面类网格上使用。

抽壳(Shell):将蒙版区域生成为有厚度的实体,与蒙版自带抽壳面板相关效果一致。

层(Layer):此种模式较少使用,用于提取图层差异,仅限于笔刷图层子菜单。

笔刷图层的抽壳功能还有一个很有用的特点,就是它所生成的抽壳模型可以根据相关笔刷图层偏移参数的改变而实时变化。

延展知识点 与许多其他雕刻类3D软件算法不同,Nomad软件中网格拓扑结构更改后不会丢失笔刷图层相关数据。此外,使用体素网格重构功能、多重网格功能或裁切笔刷、分割笔刷工具都不会影响笔刷图层,并且在导出3D文件时,笔刷图层内的这些效果可以不用烘焙就能保留。

注意 注意:使用体素网格重构功能时,若分辨率过低,会影响笔刷图层效果的呈现。

1.8 场景图层

1.8.1 场景(Scene)面板

场景面板的主要功能及对应图标如表1-7所示。

表1-7 场景面板主要功能及对应图标

功能名称	图标	功能描述
添加(Add)	+ 添加...	用于添加基本体、阵列、相机、灯光等
显示(Visible)		用于显示(再次点击为隐藏)物体,也可以用于体素合并时将当前物体用作剪切物
重命名(Edit name)		编辑当前物体所在场景图层的名称
删除(Delete)		删除当前物体以及所在场景图层
移动(Move)		用于场景图层顺序的调整,在1.7及以后的版本中,可以直接用手指点击图层将其选中,然后拖动调整

表1-7（续）

功能名称	图标	功能描述
克隆（Duplicate）		复制当前物体以及所在场景图层
连接（Join）		将多个物体合并成一个可拆分的整体
体素合并（Voxel merge）		将多个物体融合为一体
实例（Instance）		在克隆功能的基础上多了一个与 Rhino 软件中【记录建构历史】类似的功能，可以让所有副本同步修改变化
更多（More）	●●●	点开此图标后可以看到更多被折叠的功能

1.8.2　多选（Multiselection）功能

这个功能没有具体图标，实现的方式是直接点击勾选每个场景图层的小方框。可以选择多个对象，当多个物体被选中时，再次点击单个已选物体的场景图层的小方框时，可以取消对此物体的选择。

它可以帮助你实现这几种效果：一是使用轴向变换工具一次移动多个对象；二是通过连接功能实现简单合并；三是通过体素合并功能合并对象；四是进行布尔运算。

延展知识点　如何快速选中多个物体？按住画面左栏平滑功能的快捷方式图标，用手指或笔在屏幕上进行框选，可以快速启用选择笔刷，框选中的多个物体都会被选中（框选时不分顺时针、逆时针方向）。

注意　使用多选功能时，被蒙版所保护的物体将不受影响，会正常地被选中。

1.8.3　连接（Join）功能

在 Nomad 的不同版本中，该功能有时也叫【简单合并】（Simple merge）。它可以将多个场景图层合并为一层。

注意　通过连接功能实现物体的简单合并后，每个物体零件还保留着独立性，可以通过分离功能再次将其拆分成几个独立的场景图层。

1.8.4 体素合并(Voxel merge)功能

体素合并功能与连接功能不同,前者的拓扑是完全重新计算的。更重要的是,使用体素合并功能后,参与运算的多个物体网格之间将会融合在一起,无法分离。

注意 使用体素合并前,可以在【拓扑】面板中更改体素的分辨率。

1.8.5 分离(Separate)功能

这个功能被折叠在【更多】内,可以将当前场景图层内的所有独立零件都拆分成独立场景图层。

1.8.6 Nomad 中的布尔运算

布尔运算也被称为“形状运算”,它是对两个或多个3D模型进行组合和处理的技术。通过布尔运算,可以将两个或多个3D模型进行合并,以创建新的形状或对原来的形状进行修剪、填充孔洞等操作。布尔运算涉及三种运算类型:并集、交集和差集。并集操作是将两个或多个形状组合在一起,创造出一个新的形状;交集操作是只保留两个或多个形状重叠的部分;差集操作则是用第二个形状减去第一个形状,留下的是第二个形状中没有被第一个形状覆盖的部分。

1. 并集运算

选中多个场景图层后,点击【体素合并】功能按钮可以将多个物体融合为一个。

2. 交集运算

选中多个场景图层后,将需要参与运算的所有场景图层的小眼睛图标都关闭,使用体素合并功能后,新生成的物体将会只留下之前多个物体的相交部分。

3. 差集运算

选中多个场景图层后,将需要作为剪切物的场景图层的小眼睛图标关闭,隐藏的对象将被减去,它们将以交叉影线外观出现,然后使用体素合并功能,即可实现差集运算。

注意 如果想要减后的棱角边缘保持锐利,不出现锯齿,可以在使用体素合并功能前,进入【拓扑】面板,勾选【保留硬边】选项。

1.8.7 添加功能

1. 基本体(Primitive)功能

如果你需要在场景中添加一个新的基础形体进行雕刻,可以添加基本体。对于新生成的基本体,可以通过参数进行调整。界面顶端有一个浮动的工具条,点击其中的【转换】(Validate)按钮后,模型会完成烘焙,即这个模型的数据完全确定,无法再通过参数来调整。只有完成转换的模型才能使用雕刻和网格运算相关的完整功能，所以点击【转换】按钮是基本体创建后必经的操作流程。

基本体功能及对应图标如表 1-8 所示。

表 1-8 基本体功能及对应图标

功能名称	图标	功能描述
立方体 (Box)		这是一个简单的立方体，可以在拓扑面板控制 *X*、*Y*、*Z* 方向的细分面数
球体 (Sphere)		这是一个拥有细分级别的球体，其网格拓扑结构和立方体相同
圆柱体 (Cylinder)		在圆柱体的基础上，还可以做成有厚度的空心管结构
圆环体 (Torus)		可以通过调整参数制作具有不同粗细比例的圆环效果
圆锥体 (Cone)		可以调整圆锥的角度比例
二十面体 (Icosahedron)		可以直接使用，通过拓扑面板调整细分级别
UV 球体 (UV-sphere)		和地球仪一样具有经纬线和极点的网格线结构
平面 (Plane)		这是一个简单的单层平面，属于未闭合的模型，不属于实体
三平面 (Triplanar)		由三向投影功能更新而来，用于根据三视图平面上所绘制的蒙版生成简单物体（注意使用前要关闭透视功能）
组 (Group)		可以将多个场景图层编组以便于管理，阵列类功能可以直接对整个组生效

表1-8(续)

功能名称	图标	功能描述
添加视角 (Add view)		等同于相机面板的【添加视角】按钮,此为快捷按钮
阵列 (Array)		矩形阵列,将物体按设定的 X、Y、Z 三轴方向间距参数和数量参数进行阵列式复制
曲线 (Curve)		曲线阵列,将物体按照所绘制的曲线进行阵列复制
径向 (Radial)		环形阵列,将物体围绕阵列中心进行复制
镜像 (Mirror)		类似于对称面板中镜像功能的快捷方式,可以直接用于组
定向光 (Directional)		灯光面板定向光快捷按钮
聚光灯 (Spot)		灯光面板聚光灯快捷按钮
点光源 (Point)		灯光面板点光源快捷按钮

2. 阵列(Array)功能

点击阵列功能后,可在顶栏出现的工具条中进行矩形阵列的参数设定,前三个轴向参数用于间距设定(最大值 32),后三个为阵列数量设定。如果不再需要进行阵列参数调整,可以使用转换功能将当前效果烘焙,此时会弹出三个选项——【组合子项】【保持实例】【去实例】。如果选择【组合子项】,则所有阵列生成的模型将合为一个场景图层。如果选择【保持实例】,则阵列生成的每个模型都会保存为独立的场景图层,修改其中任何一个模型,其他的阵列模型都会同步产生变化,这与 Rhino 软件中的记录建构历史功能类似。

3. 曲线(Curve)功能

利用曲线功能,可以将物体按照所绘制的曲线进行阵列复制。在 1.75 及以前版本的 Nomad 软件中,此功能只能实现复制后的物体都保持原有方向,不能像电脑端 Rhino 软件的一样根据曲线自动调整朝向,在这种情况下建议使用球体类对称模型进行阵列。在 1.75 及以前版本的 Nomad 软件中,最大复制数量为 64。

在 1.76 及以后版本的 Nomad 软件中,曲线阵列功能增加了【Align】选项,可以让沿曲线阵列的物体的方向跟着曲线方向变化,复制数量上限增加到 200,通过新增的【半径】选项可以对阵列得到的物体大小进行调整。

4. 径向(Radial)功能

利用径向功能,可以将物体围绕阵列中心进行环形复制。不过要先单独选中阵列前原始场景图层中的物体,然后移动,环形复制才能生效,否则复制的物体都重叠在原地,看不出复制后的效果。使用径向功能后,会在场景图层中生成一个独立的功能图层,如果移动场景图层内径向功能这一层,就相当于移动了环形阵列的中心,生成效果会和移动场景图层中原始物体有所不同。

5. 镜像(Mirror)功能

此处镜像功能的使用方式类似于对称面板的镜像功能,不同点在于,使用镜像功能(前者)后,会在场景图层中生成一个独立的功能图层,如果移动场景图层中镜像功能这一层,就相当于移动了镜像功能的对称中心,生成效果会和移动场景图层中镜像前的原始物体有所不同。

6. 高级设置

【聚焦此项】:建议开启此选项,可以通过双击相应场景图层快速实现该图层模型的居中显示。

【Sync Visibility】(可见性同步):启用此选项后,点击场景图层的小眼睛图标将影响所有处于选中状态的场景图层。为了方便布尔运算相关操作,建议关闭此选项。

1.9 材质

1.9.1 材料(Material)面板

材料是控制物体材质外观的属性。当你使用绘画笔刷等方式赋予物体材质后,通过材料面板的相关功能可以使物体呈现出不同的质地及光学效果。在 1.75 及以后版本的 Nomad 软件中,对于场景菜单内每层独立的物体,都可以单独设定材料属性,但两个物体不能共享相同的材料属性设定。

1. 实心(Opaque)模式

实心模式为默认模式,用于实现不透明的材质效果。

2. 次表面(Subsurface)模式

次表面模式用于实现塑料、胶质等半透明的材质效果。此模式只能在 PBR 着色模式下使用,并且要至少增加一个灯光才能实现正确的视觉效果。

3. 正常混合(Blending)模式

在正常混合模式下,可以通过控制相关参数使物体变半透明。需要注意的是,由于iPad的性能限制,如果渲染用的物体具有复杂的形状或面数过多,在某些情况下可能会导致明显的视觉瑕疵。

4. 叠加(Additive)模式

在叠加模式下,可以通过调节不透明度的参数值来实现不同程度的透明效果,物体中绘制成黑色的部位会变得透明,白色部位会变得不透明。与正常混合模式相比,这个模式下出现的瑕疵会比较少,但会显得物体更亮,某些情况下容易曝光过度。

当不透明度值参数大于1时,物体会在原有基础上看起来更明亮。配合泛光效果功能,可以使物体像Keyshot里自发光材质一样呈现发光效果。

5. 折射(Refraction)模式

此模式可用于模拟玻璃类透明材料。由于iPad的性能限制,不同于电脑端渲染类软件算法,Nomad软件中物体的内部自折射和表面多层折射会受到一定限制。模型表面已设定的材质如果有金属度和粗糙度参数,会影响折射模式的效果。默认情况下,在Nomad中创建的物体的粗糙度参数都在25%左右,因此折射是不完美的,物体表面反射高光的部位会有点模糊,可以使用绘画笔刷等工具重新为物体绘制粗糙度参数和金属度参数为0的材质(颜色不会受到影响)。点击折射栏的【漆面效果】按钮,可以快速将当前物体的粗糙度参数设定为0。

折射模式下的参数包括折射率、反射率等。折射率参数越大,反射光线效果越强。反射率参数可以用于控制非金属材质的高光效果。大多数情况下,建议将这个参数保持为默认值0.04。

折射模式下的功能有吸收、覆盖绘画等。吸收功能开启后,可以模拟光线穿过物体时被吸收的效果,物体中较薄的部分因为可以让更多的光线通过,所以会显得更加明亮,较厚的部位则会显得更加暗淡。

覆盖绘画功能通过控制物体表面和内部两种不同的粗糙度来实现更复杂的折射效果。其中的表面光泽度参数决定了物体表面反射光线所产生光斑(也叫高光)的模糊程度,增大此参数可以增强光线打在物体表面的反射效果。当表面光泽度参数为0时,物体表面的粗糙度将与已设定的材质相同;当光泽度参数为1时,物体表面的光滑效果将达到最强。内部粗糙度参数决定了物体内部的散射效果。当内部粗糙度参数为0时,物体内部的粗糙度将与已设定的材质相同;当内部粗糙度参数为1时,物体内部的散射效果将达到最强。

6. 抖动(Dithering)模式

在抖动模式下,可以通过随机方式去除一些像素使物体呈现半透明效果,并且加入一些噪点。

1.9.2 让物体发光的方法

先将物体设定为浅色材质，金属度参数设为最大值，适当增大粗糙度参数，将材质模式设置为线性减淡，然后在后期处理面板中打开泛光效果功能，将阈值调至最低，再将半径参数调大，并打开屏幕空间反射、环境光遮挡、质量等用于视觉优化的功能，这样就可以实现发光效果了。

1.9.3 不受光显示(Always unlit)功能

开启此功能后，物体将只显示所绘制材质的颜色，并且没有阴影。如果已经开启了叠加模式，则可以使用黑色材质直接在物体表面绘制，黑色部位将实现透明效果。

1.9.4 平滑阴影(Smooth shading)功能

开启此功能后，模型将会实现平滑的视觉效果。在部分软件版本中，此功能名称为平滑着色。

1.9.5 双面显示(Two sided)功能

此功能可以让单层面物体正常展现正面和背面。

1.9.6 投射阴影(Cast shadows)功能

此功能可以让物体拥有正常的阴影。透明对象也会投射阴影(以抖动模式模拟混合阴影)。如果场景中有不需要投射阴影的大物体(如大的地平面)，一定要禁用投射阴影功能。

1.9.7 对象网格(Wireframe)功能

此功能用于展现物体的网格线。

1.9.8 翻转法线(Inverse culling)功能

此功能可用于将物体网格的正反面法线朝向进行翻转。

1.10 背景

背景面板内的一系列功能可以用于参考图设定及渲染背景设定。现对其参数进行简要介绍。

(1) 环境：显示当前 HDRI 场景环境的图像。

(2) 颜色：设定颜色后，整个画面的背景都为纯净单一的颜色。

(3) 参考图片选项:可以在背景上添加你导入的任何平面图片作为雕刻参考或装饰用背景。导入图片后,可以通过点击【变换】按钮更改其位置和比例。

注意 可以通过设置覆盖参数来调整物体与背景的相对透明关系。当覆盖参数为0时,物体将完全遮挡参考图像;当覆盖参数为1时,物体将完全被图像遮挡。若要正常使用参考图像,将其作为雕刻辅助参考,建议将覆盖参数调成中间值0.5。

1.11 渲染

1.11.1 渲染模式面板

1. PBR模式

PBR模式支持添加灯光、设定阴影以及HDR环境设定。在这个模式下,也可以对材质的粗糙度和金属度参数进行修改。

2. 材质捕捉模式

材质捕捉模式是将光照、材质等信息存储在一张贴图上。这张贴图一般可以通过在其他电脑端渲染类软件中创建一个球体并渲染得到。材质捕捉模式中的光照信息相对稳定,对模型干扰比较小,因而此种模式适合用于雕刻时观察模型表面细节。

3. 不受光模式

在不受光模式下,模型只显示纯色,不受任何外界光照影响。

4. ID模式

此模式主要配合其他软件贴图使用,在Nomad中很少单独使用。

1.11.2 灯光

灯光功能仅适用于PBR模式。因为受iPad性能的限制,在Nomad 1.75中最多能使用四盏灯。

注意 如果加载一个包含三个以上灯的glTF文件,Nomad将保留所有这些灯,但是可能会出现一些意外错误。

点击【添加灯光】按钮即可创建灯光。新创建的灯光分为定向光(平行光)、聚光灯、点光源三种模式,默认模式为定向光(平行光),点击小太阳图标可以进行灯光设定。灯光的强度参数决定了光线的亮度,如果太亮可能造成曝光过度问题。

1. 定向光(平行光)模式

定向光是像阳光一样可以投射无限远的平行光,强度均匀,可以设定阴影。与其他类型的灯光不同，它在场景中的 3D 空间位置并不重要，重要的是它的方向。

注意 可以开启【光照方向】—【随相机移动】按钮，这样照明方向就与相机视角保持一致。还可以使用定向光（平行光）模式制作从模型背面发出的强光，指向相机，作为始终照亮模型背面的边缘光。

2. 聚光灯模式

聚光灯是像舞台聚光一样的锥形灯光，沿单一方向发光，受锥形限制。光的照射角度可以调整，也可以设定阴影。

3. 点光源模式

点光源是向四面八方散射的全方位光源。目前点光源不支持设定阴影。

1.11.3 显示阴影功能

开启显示阴影功能里的【接触阴影】后，在渲染过程中物体之间的阴影会增加更多的细节；如果选择了【自动】，则只有最显眼的灯光才会生成接触阴影。

1.11.4 HDRI 功能

开启 HDRI 功能后，Nomad 内的场景打光将会受 HDRI 环境贴图场景文件的影响，这种文件相当于给整个场景包裹上了一个 360°的全方位贴图，贴图上的光影、环境的影像等细节都会对物体表面造成影响。

注意 勾选【固定 HDRI】选项后，场景中的光线将保持固定，这对于雕刻细节时观察物体体积会很有帮助。

1.12 项目面板

1.12.1 Nomad 文件保存

点击【保存】按钮可以实现 Nomad 完整文件的保存。

1.12.2 自动保存功能

可以根据需要和操作习惯设定自动保存时间间隔，与电脑端建模类软件的后台自动保存不同，Nomad 文件自动保存期间是无法编辑和继续雕刻的，并且新文件会覆盖之前保存的文件。

注意 如果 iPad 设备配置不够高或习惯了电脑端软件操作，建议关闭此功能，使用手动保存方式。

1.12.3 导入功能

可以将外部其他软件制作的 3D 模型文件导入 Nomad 中，导入功能有【打开】和【添加到场景】两个选项。选择【打开】选项，会新建一个文件并导入模型，如果之前的文件没有保存，则会丢失。选择【添加到场景】选项，则是将要导入的 3D 模型对象插入到当前场景中。

当前 Nomad 支持导入以下文件格式：glTF（仅限 GLB 格式）、OBJ、STL、Nomad。

1.12.4 导出功能

Nomad 软件的导出功能选项及其支持的文件格式类型如表 1-9 所示。

表 1-9 导出功能选项及其支持的文件格式类型

功能选项	格式类型			
	glTF(GLB)	OBJ	STL	Nomad
笔刷图层	支持	不支持	不支持	支持
四边形面	支持	支持	不支持	支持
颜色	支持	支持	支持	支持
PBR 绘画	支持	不支持	不支持	支持
Nomad 元数据	支持	不支持	不支持	支持

1. 笔刷图层

此选项是将笔刷图层内容作为变形后的效果导出，支持笔刷图层功能的相关软件一般都能识别 Nomad 文件内的笔刷图层相关数据。

2. 四边形面

只有在 Nomad 中制作且导出格式为 glTF(GLB)的模型才支持四边形面，也只有导入 Nomad 中才能正常使用四边形面效果。

3. 颜色

由于 OBJ 格式和 STL 格式的原始开发方没有推出关于支持顶点颜色数据的统一技术标准，因此在某些软件中，若模型为这两种格式则可能会因为软件兼容性问题而无法正常呈现 Nomad 中所绘制的颜色效果。

4. PBR 绘画

此选项可用于导出在 Nomad 中给模型表面绘制的图案信息。对于材质、颜色等绘画信息，将会按粗糙度（通道 R）、金属度（通道 G）、蒙版（通道 B）这三个通道打包数据。

注意 Nomad 软件中的 PBR 绘画相关功能仍在开发完善中，将来随着版本更新，此部分内容会有所变动，具体以 Nomad 官方公告为准。

5. Nomad 元数据

Nomad 元数据包括对称性、原始配置、轴向变换等大多数设置信息。

1.13 视觉优化

1.13.1 后期处理面板

使用后期处理功能可以显著改善场景的最终外观。雕刻时可以禁用后期处理功能，它不会影响雕刻过程中的性能体现，也不会出现卡顿，可以等完成雕刻进行最终渲染效果时再开启。

对于 PBR 渲染操作，可以开启环境光遮挡(Ambient occlusion)、屏幕空间反射(Reflection)和色调映射(Tone mapping)功能。

1.13.2 质量(Quality)功能

质量功能栏内有【最大采样值】和【最大实时分辨率】这两个重要选项，勾选后可以加强环境光遮挡效果。

1.13.3 屏幕空间反射(Reflection)功能

此功能仅在 PBR 模式下有效。使用此功能，可以让物体在渲染时映射出场景中的其他物体，只要是在当前场景中展现出来的模型都会参与运算。如果使用了金属材质或其他闪亮的材质，都应该开启这个功能(图 1-3)。

图 1-3 屏幕空间反射功能开启(左)与关闭(右)的效果对比

1.13.4 全局光照(Global illumination)功能

这是 Nomad 新增的实验性功能,类似于电脑端渲染类软件光线算法,对物体的直射光、反射光、折射光等光线照射进行了精细运算,可以让渲染效果看起来更接近于现实世界的真实效果。

1.13.5 环境光遮挡(Ambient occlusion)功能

环境光遮挡功能会使光线不能直接照射到的区域变暗,其效果由模型的几何结构决定(图 1-4)。

环境光遮挡功能有三个参数可供调整:①强度(Strength)——效果强度;②范围(Radius)——效果影响范围;③曲率偏差(Curvature bias)——效果受模型表面凹凸变化的影响敏感度。

图 1-4 环境光遮挡功能开启(左)与关闭(右)效果对比

1.13.6 景深 (Depth of field)功能

利用景深功能,可以实现与单反相机一样的虚实对比效果,在焦点外的区域添加模糊效果。点击模型即可更改焦点,点击处为聚焦点(图 1-5)。

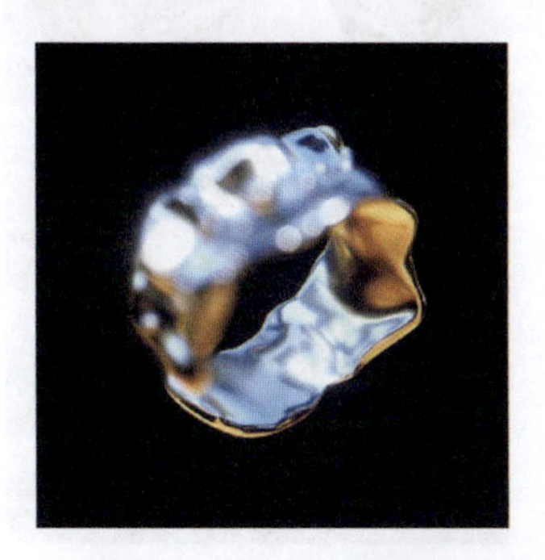

图 1-5 景深功能聚焦于远处(左)、近处(右)的效果对比

1.13.7 泛光效果(Bloom)功能

开启此功能,可以使场景中的明亮区域发光,并且会有晕染扩散的效果,形成如同雨雾中霓虹灯的氛围感。阈值参数可用于控制光线的明暗,可以根据设定的参数来判断泛光效果的光线强度。阈值高时,场景中只有明亮的物体才会产生泛光效果(图 1-6 右);阈值低时,整个场景的泛光效果都会加强(图 1-6 中)。

注意 不合适的参数搭配会导致画面曝光过度,可以根据实际情况多尝试几种不同的参数组合。

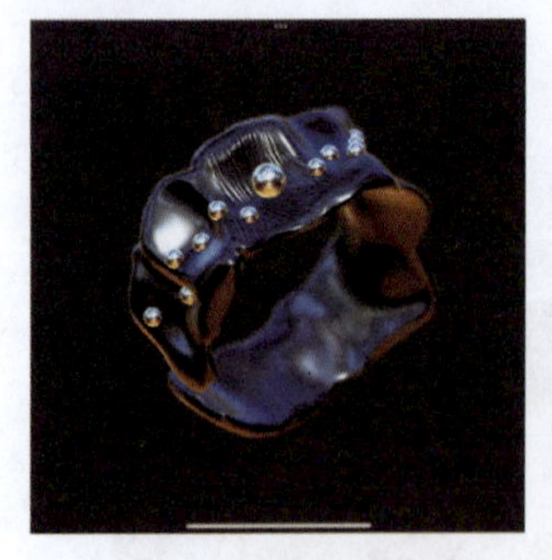
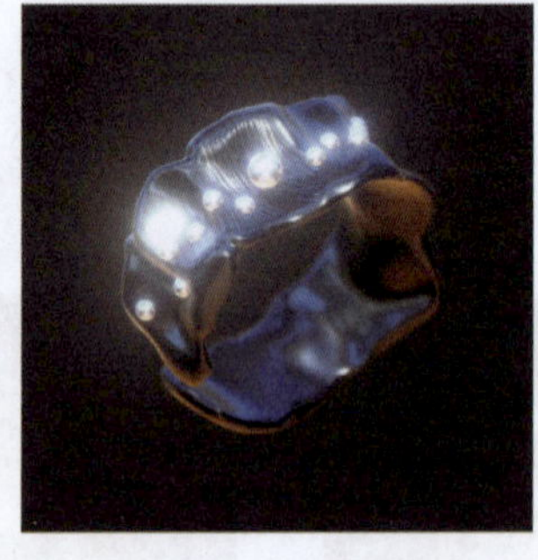
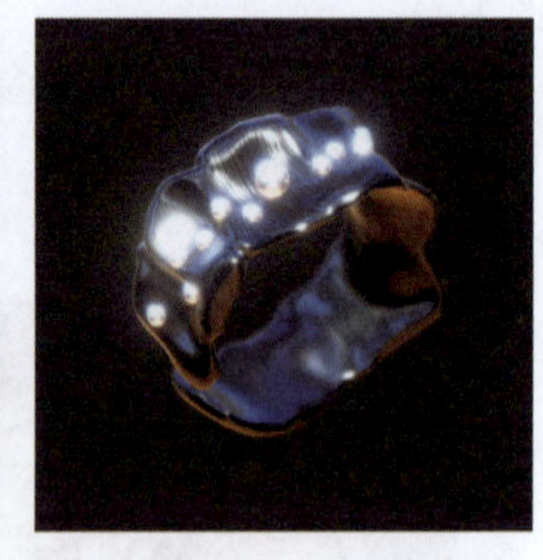

图 1-6 泛光效果功能关闭(左)及泛光效果功能开启且参数为 0(中)、参数为 1(右)的效果对比

1.13.8 色调映射(Tone mapping)功能

此功能是将 HDRI 环境效果重新映射到[0-1]范围的操作,过曝或过暗的颜色会以高于 1 的参数来指代,如果关闭功能或选择【无】,则任何参数高于 1 的颜色都将被限制,超出此范围的任何颜色变化都将丢失。它类似于 Photoshop 中对色阶等效果的参数控制(图 1-7)。

图 1-7 色调映射功能关闭(左)及开启(右)效果对比

注意 禁用色调映射功能后，一些细节会因为画面过曝处太亮而消失。推荐开启中性(Neutral)模式。

【曝光】(Exposure)参数：用于控制亮部曝光效果。

【对比度】(Contrast)参数：用于控制画面明暗对比强度。

【饱和度】(Saturation)参数：用于控制画面颜色的鲜艳程度。

1.13.9 色调(Color grading)功能

此功能用于调整画面中红、蓝、绿不同通道的色彩平衡。

1.13.10 曲率描边(Curvature)功能

此功能以带颜色线条的形式强化模型的边缘(图 1-8)。

图 1-8 曲率描边功能关闭(左)及开启(右)效果对比

1.13.11 色彩偏差(Chromatic aberration，简称 CA)功能

色彩偏差原本是指光学上因透镜无法将各种波长的色光都聚焦在同一点上而产生的色散现象，物体的边缘会出现明显的色彩(红、绿、蓝、黄、紫、洋红)。开启此功能后，通过调节强度可以凸显效果(图 1-9)。

1.13.12 晕影(Vignette)功能

此功能以屏幕边缘变暗模拟单反相机镜头的暗角效果(图 1-10)。

1.13.13 噪点(Grain)功能

此功能可给画面增加类似胶片噪点的效果。对于有磨砂质感的材质，可以开启这个功能(图 1-11)。

图 1-9　色彩偏差功能关闭(左)及开启(右)效果对比

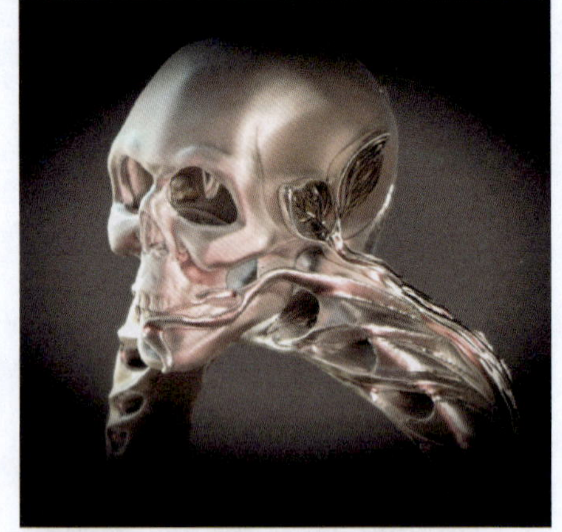

图 1-10　晕影功能关闭(左)及开启(右)效果对比

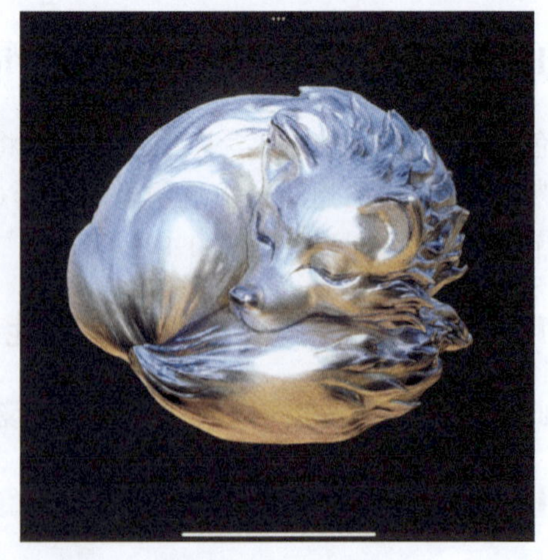

图 1-11　噪点功能关闭(左)及开启(右)效果对比

1.13.14 锐化(Sharpness)功能

此功能用于锐化模型边缘(图 1-12)。

图 1-12 锐化功能关闭(左)及开启(右)效果对比

1.13.15 像素画(Pixel art)功能

此功能用于模拟早期 2D 游戏的像素风艺术视觉效果(图 1-13)。

图 1-13 像素画效果

1.13.16 扫描线(Scanline)功能

此功能用于模拟早期荧光显示屏的扫描线风格艺术视觉效果(图 1-14)。

图 1-14　扫描线效果

1.13.17　时间性抗锯齿(Temporal anti-aliasing,简称 TAA)功能

此功能默认开启,它不属于艺术类效果,而是质量效果。当相机视角不动时,Nomad 会重新使用之前已运算好的画面来提高整体图像的质量。

开启这个功能后,可以更好地提升屏幕空间反射功能、景深功能、环境光遮挡功能、泛光效果功能的效果。

1.14　显示设置

1.14.1　显示设置(Display settings)面板

显示设置中的重要功能见表 1-10。

表 1-10　显示设置重要功能及对应图标

功能名称	图标	功能描述
平滑阴影 (Smooth shading)	◯	开启后可以使物体因为面数影响所呈现的棱角平滑显示,这是一种视觉效果,模型本身不受影响。关闭平滑阴影功能,则物体的平滑效果会单独控制。 注意:此功能默认关闭,渲染阶段可以开启。此外,对于要突出棱角的物体,建议关闭此功能

表1-10(续)

功能名称	图标	功能描述
轮廓 (Outline)		在选定的场景图层内,物体外轮廓将被勾勒描边。 注意:渲染时建议关闭此功能
网格 (Grid)		显示场景中的世界平面网格,以便更好地了解物体在场景中的相对位置
双面显示 (Two sided)		所有的面都有正面和反面。开启双面显示后能正常显示网格的背面,可以将背面颜色设定为彩色,以观察潜在的问题(如不正确的拓扑结构)
对象网格 (Wireframe)		物体自身的拓扑网格展示。 注意:开启后会使 iPad 运行变慢
方位视图 (Snap cube)		关闭后界面右上角的方位视图控制器会隐藏
图层绘画 (Show painting)		关闭后将隐藏绘画笔刷等工具所绘制的材质,然后显示成默认材质,白色非金属材质粗糙度为25%
显示场景状态 (Stats)		关闭后界面左上角的设备使用和雕刻相关信息将隐藏
调试 UV (DeBug UV)		开启后以彩色棋盘格形式显示物体 UV 线框。 注意:此选项只在模型有 UV 坐标信息时才能生效

1.14.2 高亮选择对象(Highlight selection)选项

选择此选项后,场景图层内被选中的物体会高亮闪烁。显示的颜色和时长都支持设置。

1.14.3 使未选对象变暗(Darken unselected objects)选项

选择此选项后,除当前选中的场景图层内的物体外,其他所有场景图层内的物体都会变暗。

1.14.4 雕刻时显示圆圈(Show circle while sculpting)选项

此选项用于展示笔刷半径圈。

1.14.5 显示指示点(Show small dot)选项

此选项用于展示笔刷中心点。

1.14.6 显示画笔准星(Show rope stabilizer)选项

此选项用于展示开启笔刷延迟功能后的笔刷延长线。

1.14.7 填补孔洞(Hole-filling)选项

这里虽然一共有自动、关、开三种模式,但建议直接使用其中的自动模式,不要轻易调整。

1.14.8 恢复默认设置(Reset to default)按钮

点击此按钮后,与显示相关的设置将会重置。

注意 快捷键、项目设置、自制材质、自制笔刷与设定不会受【恢复默认设置】的影响。

1.15 Nomad 系统设定

1.15.1 界面设置(Interface)面板

此处的图标对应的是界面左下角的工具栏快捷功能按钮,启用后相应按钮就会出现。

1.15.2 手势设定(Gesture)面板的推荐设置方式

(1)【相机移动】(Camera)选项:选择手指(Finger)模式。

(2)【雕刻】(Sculpt)选项:选择触控笔(Stylus)模式。

(3)【轴向变换】(Gizmo)选项:选择任何(Any)模式。

(4)【将手指用于平滑】(Finger always smooths)选项:建议关闭。

(5)【允许未识别的压感】(Allow unrecognized pressure)选项:建议关闭。当 Apple pencil 等触控笔无法正常识别压感或想要用手指控制压感时,可以勾选此项。

(6)选取材质(Material picking)功能设置:选择任何(Any)模式。开启绘画笔刷后,在画布上长按可以开启选取材质功能(可以像吸管一样提取材质),保持按住不松开,将弹出的材质球移动到相应物体上就可以获取材质,可以用于赋予其他物体与当前物体相同的材质。

(7) 蒙版—单点快捷方式(One tap shortcuts)选项:建议开启。

开启后的蒙版快捷操作方式与实现效果:按住界面左栏的蒙版按钮后点击界面场景空白处,可以将蒙版翻转;按住界面左栏的蒙版按钮后在界面场景空白处框选,可以清除蒙版;按住界面左栏的蒙版按钮后在物体上蒙版区域点击,可以使蒙版区域边缘柔滑;按住界面左栏的蒙版按钮后在物体上未绘制蒙版区域点击,可以锐化蒙版区域边缘。

(8) 蒙版—长按(切换蒙版和选择蒙版)[Long press (Mask / SelMask)]选项:建议开启。开启后,按住界面左栏的蒙版按钮并进行框选时,自动切换为选择蒙版模式。

(9) 蒙版—快捷手(Shortcut)选项:选择蒙版(Mask)模式。

1.15.3 三指操作(Three fingers)设置

(1) 【三指旋转灯光】[Rotate lighting (3 fingers)]选项:建议开启。

(2) 【三指调节工具半径】[Edit tool radius (3 fingers)]选项:建议关闭,直接使用左手大拇指调整界面左栏笔刷半径。

(3) 【历史记录】—【快捷手势】(History shortcuts)选项:建议开启。开启后两指单击界面可以撤销上一步操作,如果不小心撤销了操作想返回,可以用三指单击界面实现复原重做。

(4) 【双击 Pencil】(Pencil button)选项:建议选择添加或减去(Add/Sub)模式。

(5) 【无法忽略手掌尺寸】(Palm rejection)选项:建议暂不开启,这是实验性功能,有待完善,用于控制雕刻过程中因忽略手掌触感造成的误操作。

1.15.4 调试(DeBug)面板

这里聚集了很多 Nomad 的实验性功能。

1. 渲染(Render)—高度图(Heightmap)功能

开启后可以将当前显示模式切换为 Alpha 灰度图模式,用于自制 Alpha 素材,物体和世界中心的远近会影响成像效果,可以多作尝试。

2. Flip Y(normal map)(正态映射)功能

用于生成纹理图,目前该功能还在完善中。

2 基础案例:盆栽小兔子摆件

【任务描述】

利用 Nomad 软件完成如图 2-1 所示盆栽小兔子摆件的建模,熟悉软件的基本操作并掌握主要功能的应用。

图 2-1 盆栽小兔子摆件完成效果图

【建模思路】

无论多么复杂的物体,都可以将其拆解成简单的零件,再拼装组合。先在世界中心位置创建对称的零件,如花盆及小兔子的耳朵、眼睛、前爪等,方便后续操作的坐标定位,然后再创建非对称的胡萝卜等零件,通过创建基本体实现盆栽小兔子模型各个零件的制作。

【步骤详解】

步骤 1 点击项目菜单中的【新建】功能按钮,创建新场景(图 2-2)。

步骤 2 点击界面右栏工具箱内的车削笔刷,在界面左栏选择【曲线】—【样条】功能快捷按钮(图 2-3)。关闭【闭合】选项,保持【固定位置】选项为开启状态(白色状态为关闭,橙色状态为开启)。

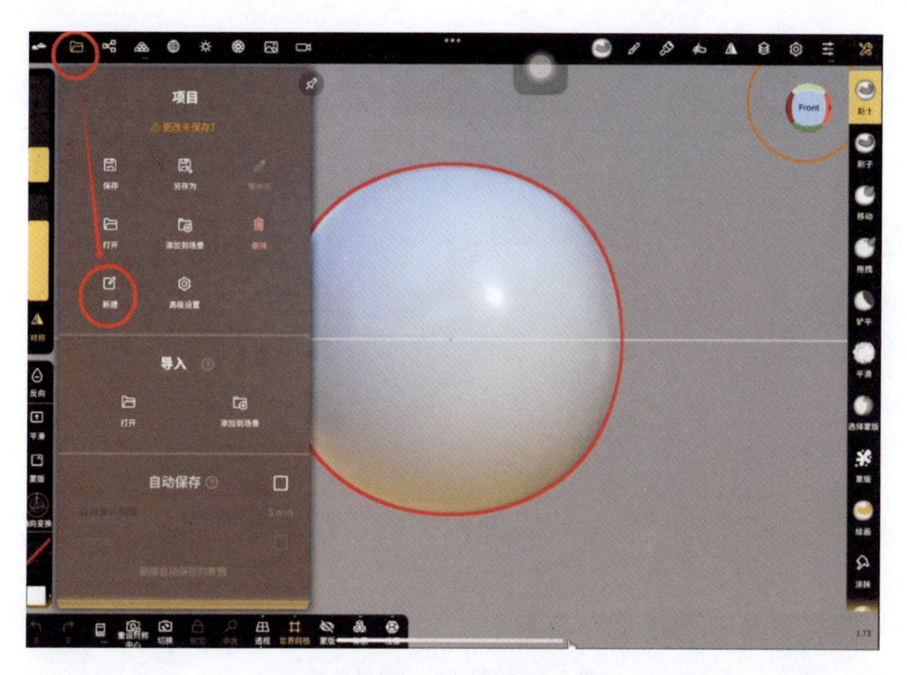

图 2-2 创建新场景

注意 画面中间竖直方向出现的橙色线条为车削笔刷在固定位置模式下的旋转轴。

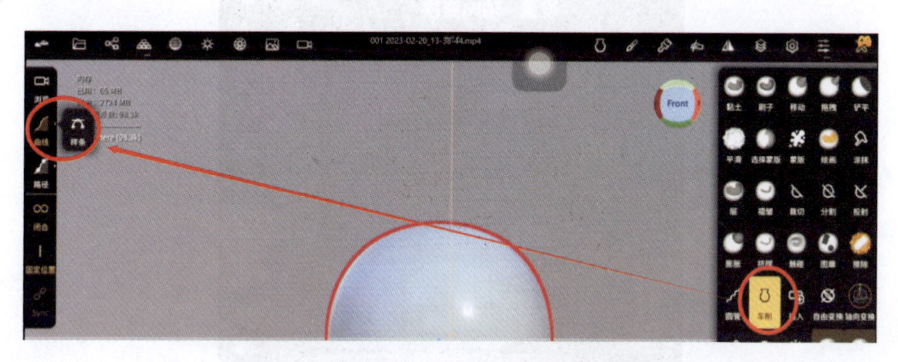

图 2-3 开启样条工具

步骤 3 绘制如图 2-4 所示的横截面曲线，完成花盆造型。

注意 生成后的花盆因为制作精度的原因，几何中心和世界中心有可能不一致，后期制作对称造型时会受到影响。可以打开轴向变换工具的设置面板，将坐标栏内【位移】选项的三个轴向坐标都改为 0.0（图 2-5）。

步骤 4 点击场景菜单，先将花盆所在场景图层的小眼睛图标关闭。然后选中原始球体所在的场景图层（勾选 Sphere 对应的方框），点击【添加】功能按钮（图 2-6）。

注意 这个球体的位置处于世界中心，在此基础上创建的模型也都会在世界中心，方便保持后续操作的精准度。

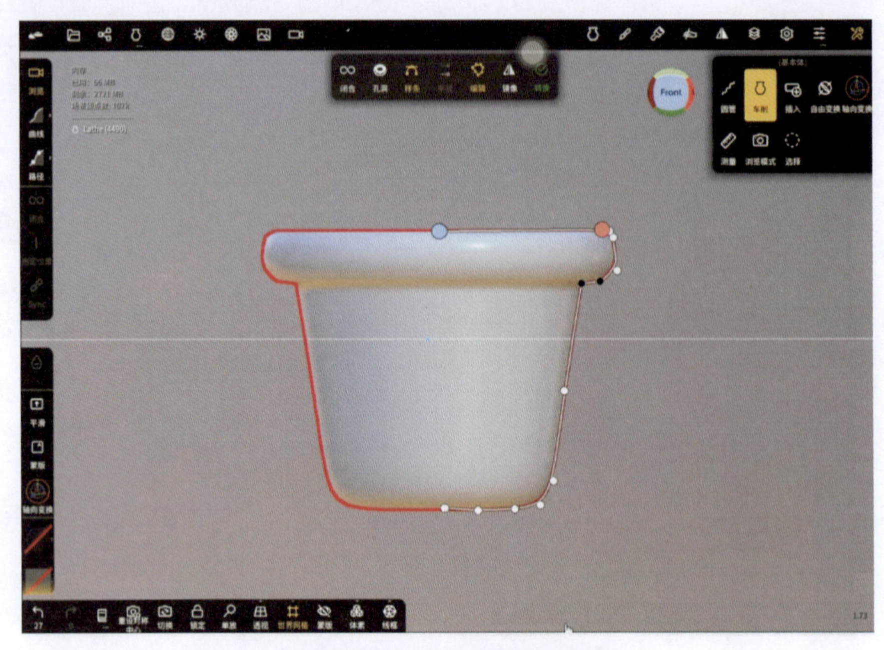

图 2-4　绘制花盆横截面曲线

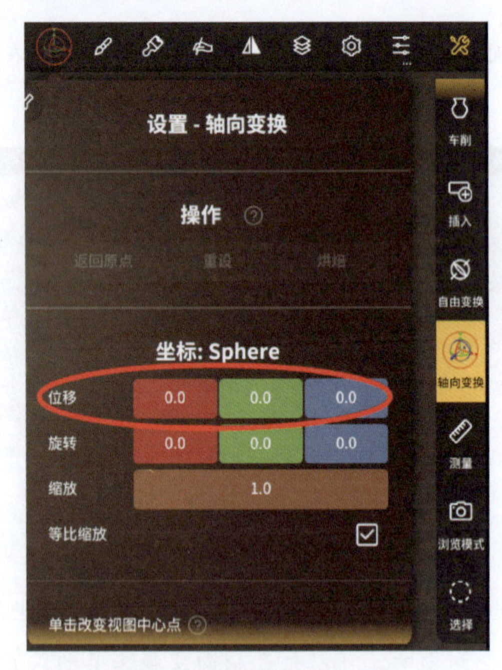

图 2-5　设置轴向变换工具

步骤 5　在弹出的添加面板中选择【基本体】—【球体】,这个球体之后将被用来做成花瓣。然后再次点击【添加】功能按钮,选择【Repeaters】—【径向】模式(图 2-7)。这样相当于开启了这个花瓣的环形阵列模式,只需要调整一片花瓣,其他根据花瓣复制出的副本都会随之改变。

图 2-6　点击【添加】功能按钮

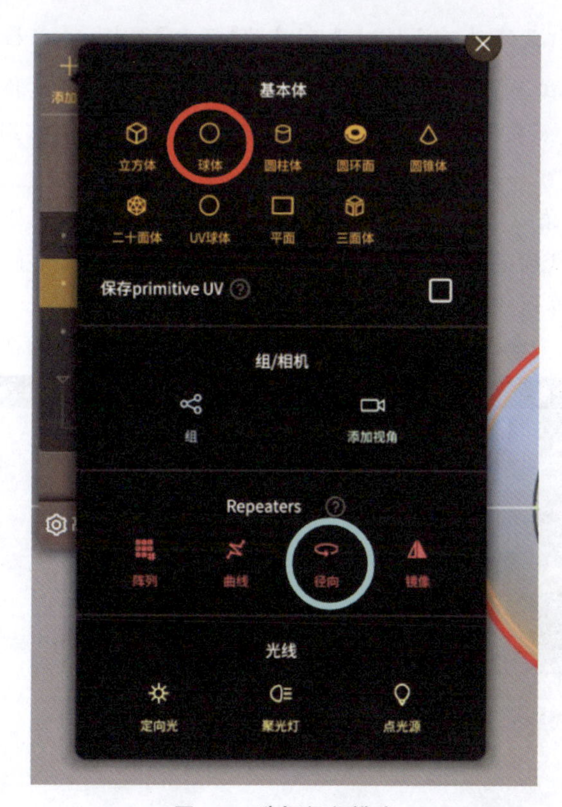

图 2-7　选择径向模式

步骤 6　选择【径向】模式后，软件界面上会弹出浮动工具栏，选择其中的【径向 *Z*】，单击后可以设定参数，在弹出面板中将参数设定为 5(图 2-8)。此外，确保【径向 *X*】和【径向 *Y*】参数都为 1，以免造成多次复制。

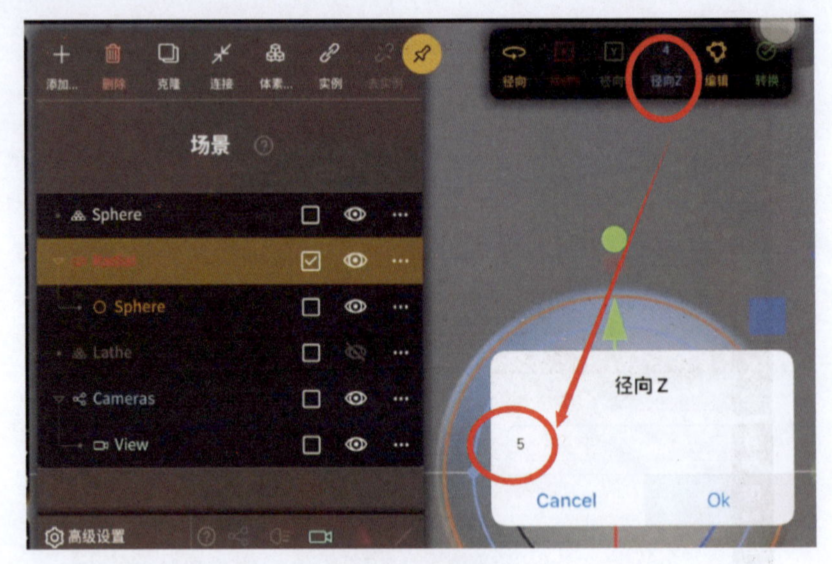

图 2-8　设置参数

注意 如果打开浮动工具栏时没有显示【径向】图标，可以检查下是否开启了浮动工具栏的轴向变换工具。关闭浮动工具栏内【轴向变换】图标或换成其他笔刷工具即可显示【径向】图标。如果使用径向功能前没有开启轴向变换功能，则浮动工具栏不会显示【轴向变换】按钮。

步骤 7 将场景菜单中【Radial】(径向阵列)这一层点开后，可以看到子目录内球体所在的场景图层，将其选中，然后使用轴向变换工具 Y 方向的箭头拖动球体，使之向上平移，此时能看到径向阵列效果的呈现，完成花朵基本造型(图 2-9)。此外，还可以用轴向变换工具 Z 方向的单方向缩放功能将球体压扁一些，进行进一步的造型调整。

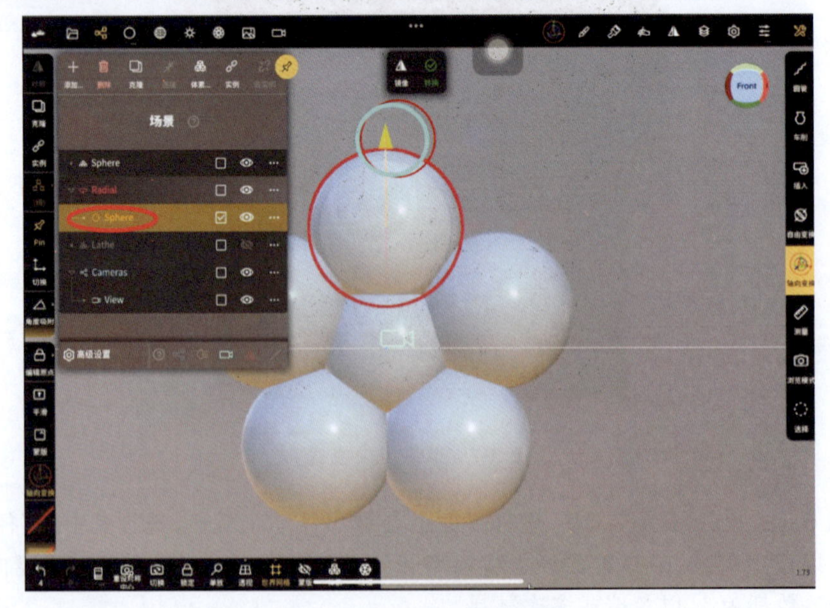

图 2-9　完成花朵基本造型

注意 此步骤中需要点击球体的【转换】按钮，这样才能继续后面的雕刻操作。但对于径向阵列所在的场景图层，不要使用【转换】按钮，否则将不能实时修改花瓣。

步骤 8 选择笔刷工具箱内的拖拽笔刷，并点击界面左栏的【对称】按钮，调整花瓣细节(图 2-10)。

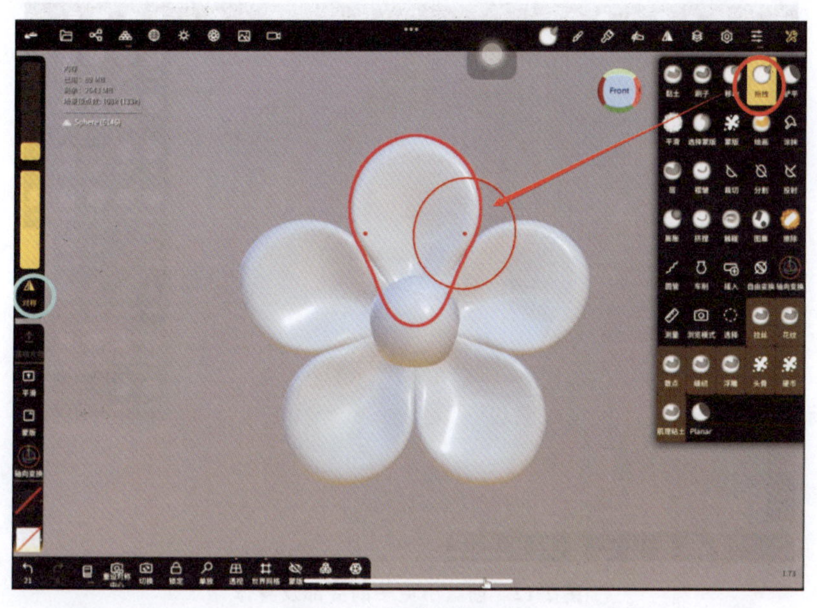

图 2-10 调整花瓣细节

步骤 9 在场景菜单中将花盆图层的小眼睛图标打开，展现花盆的模型，然后选中花瓣和花心小球，在右视图方向使用轴向变换工具 Z 方向的箭头调整花朵的位置，用轴向变换工具操作轴上的橙色大圈对花朵进行等比例缩放，使其尺寸变小(图 2-11)。

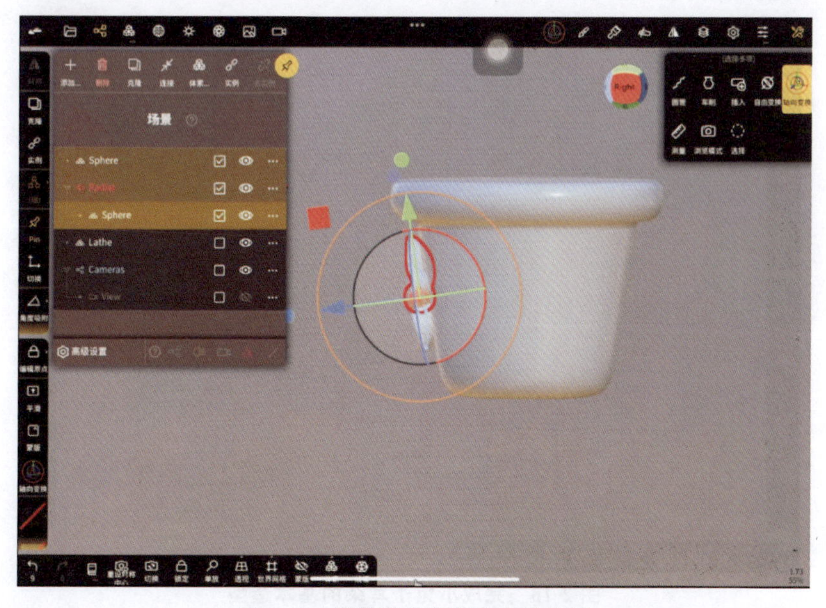

图 2-11 调整花朵在花盆上的位置

步骤 10 在添加面板中选择【基本体】—【球体】，创建一个新球体，作为小兔子的头部，其大小和位置可以使用轴向变换工具进行调整。然后点击界面左栏的【克隆】按钮，使用轴向变换工具操作轴的移动箭头功能拖出复制的球体，作为小兔子的身体（图 2-12）。在确保界面左栏【对称】快捷按钮开启的状态下，使用拖拽笔刷对小兔子的身体形状进行调整。

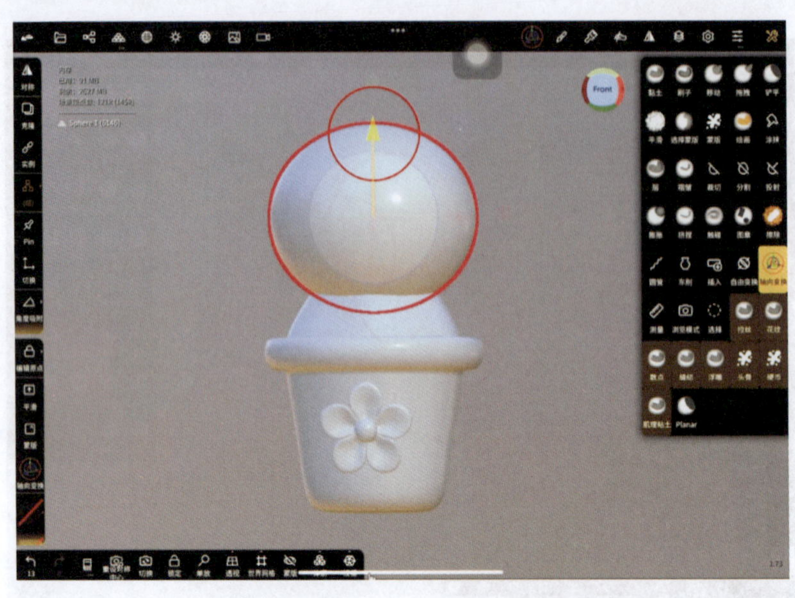

图 2-12 创建小兔子的头部及身体

步骤 11 再次添加【基本体】—【球体】，用于制作小兔子的耳朵，使用轴向变换工具的单方向缩放功能对耳朵进行上下拉伸调整，然后使用轴向变换工具的旋转功能调整耳朵的角度。完成耳朵制作后，点击界面顶栏右侧的对称面板，选择【世界对称】模式后，点击【从右至左】功能按钮，完成耳朵的镜像复制（图 2-13）。如果还需要继续调整耳朵的位

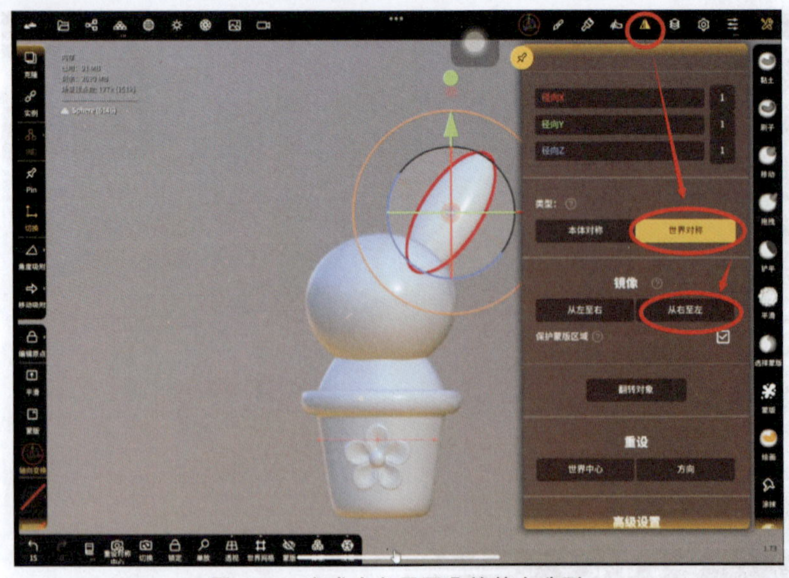

图 2-13 完成小兔子耳朵的基本造型

置和角度，可以开启轴向变换工具中的【对称】按钮。

注意 如果对称面板的内容没有全部显示，可以用手指在面板上进行上下滑动。

步骤 12 在确保界面左栏【对称】按钮开启的状态下，使用拖拽笔刷对耳朵的细节进行调整(图 2-14)。

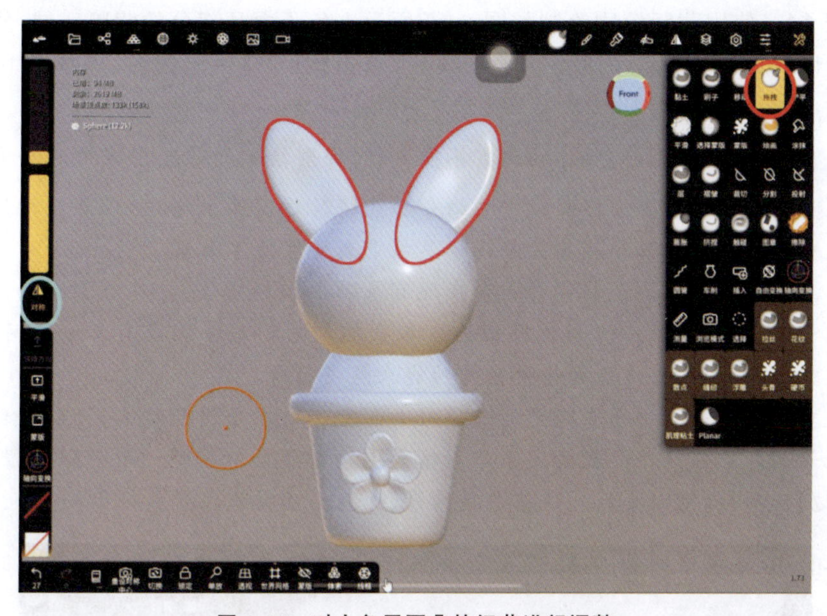

图 2-14 对小兔子耳朵的细节进行调整

步骤 13 选择笔刷工具箱内的蒙版笔刷，开启笔刷设定面板，勾选【只影响对象表面】选项(图 2-15)。这样在之后的绘制过程中耳朵背面将不会画上多余的蒙版。

图 2-15 设置面板属性

延展知识点 由于 Nomad 版本不断更新，读者操作时的界面可能与本书图示不同，功能名称翻译可能有差别，【只影响对象表面】选项也可能会被折叠在面板【Filter】子工具栏中。如果遇到了找不到所需功能的情况，可以打开每个面板来寻找。若是因为翻译名称变化导致不容易找到，这种情况一般以功能图标为准。

步骤 14 使用蒙版笔刷绘制如图 2-16 所示小兔子内耳部分的蒙版区域，然后打开蒙版笔刷设置面板，设定好抽壳厚度参数后，点击【抽壳】功能按钮，完成内耳部分的制作。

注意 绘制蒙版前，物体的面数不能太少，否则绘制的蒙版图案边缘会有明显的锯齿状瑕疵。可以用多重网格面板中的细分功能将物体的面数增加，或者使用体素网格重构面板中的重构功能配合较高的分辨率参数重新处理物体面数。

使用细分功能的效果是物体面数会在现有基础上增加 4 倍，它不会影响物体的拓扑结构，适合后期细节处理。但如果原始物体本身拓扑结构不合理或有其他的网格瑕疵，细分功能就不起作用，应该借助体素重构功能来解决问题。

体素重构功能是像拼马赛克瓷砖一样用小面重新对网格进行运算，可以处理大部分网格瑕疵等问题。分辨率参数决定了启用体素重构功能后对模型细节的保留程度，勾选【保留硬边】选项后，可以更好地保留棱角的锋利度，而不会使之变成锯齿状。

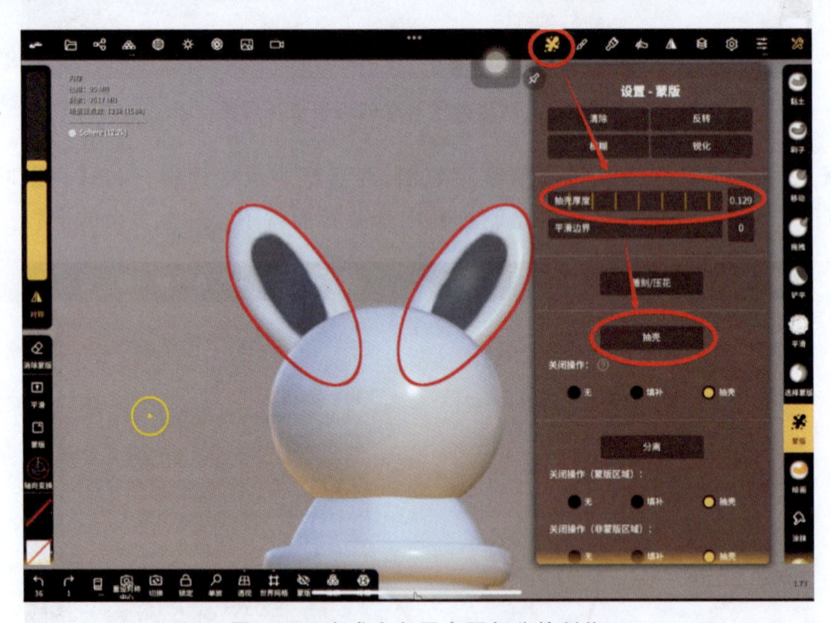

图 2-16 完成小兔子内耳部分的制作

抽壳厚度参数不是实际尺寸参数，而是一个相对值，可以根据美观需要多尝试几次，设置不同参数。如果设置参数后不想保存当前结果，可以使用两指同时点击界面，进行撤销操作。此外，抽壳前一定要检查是否绘制了多余的蒙版区域，若有，抽壳后会产生多余的模型零件。

步骤 15 使用蒙版笔刷的抽壳功能后，如果生成的物体边缘出现了较为明显的锯齿状瑕疵，一般原因有两种：一是绘制蒙版前物体的面数太少，二是抽壳厚度参数值太小。可以先用膨胀笔刷对边缘进行膨胀处理，然后点击界面左栏的【平滑】笔刷快捷按钮，进一步调整物体的边缘，使之更平滑。如果锯齿等瑕疵还是较为明显，可以用体素网格重构功能重新对网格进行运算，然后再次使用平滑笔刷，重复这个步骤，直至达到美观效果（图 2-17）。

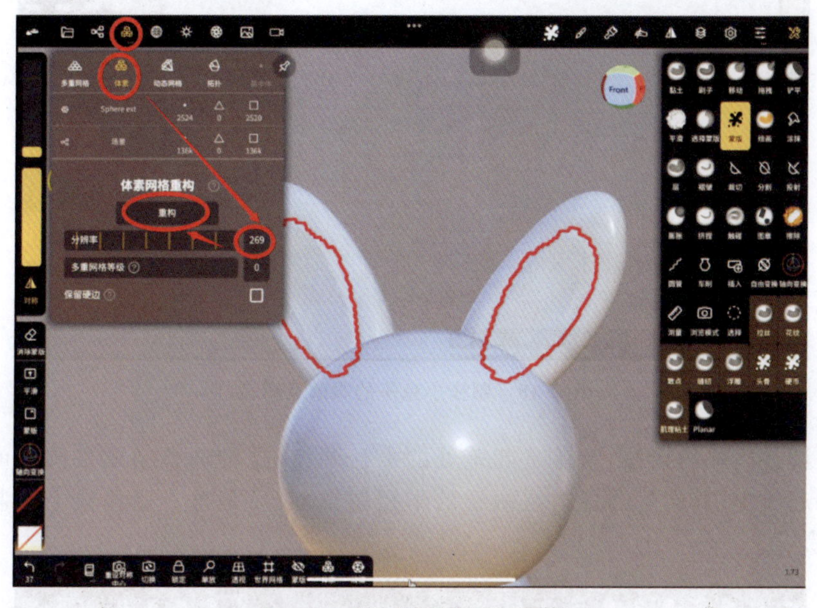

图 2-17　重新对网格进行运算

完成抽壳操作后，可以直接用笔点击画面中的耳朵主体，选中耳朵后，确保界面左栏的【蒙版】快捷按钮处于未开启状态，用手指长按【蒙版】，同时用笔在界面画布空白处框选，清除全部蒙版。

注意 如果是为了处理表面不平整、有锯齿等瑕疵问题而使用体素重构功能，那么分辨率不能调得太高，否则这些瑕疵会作为细节被清晰地保留下来，并且面数多也会导致平滑笔刷的光滑效果不明显。

步骤 16 接下来是制作兔子的眼睛，操作方式和耳朵做法一致。也是先创建球体，然后镜像复制，再通过开启了【对称】后的轴向变换工具进行位置调整，涉及形状调整的地方可以使用拖拽笔刷。头部的眼窝处也可以用拖拽笔刷制作（图 2-18）。

注意 使用拖拽笔刷时，界面左栏的笔刷尺寸参数不能太小，否则拖拽的效果会不理想。

步骤 17 点击笔刷工具箱中的圆管笔刷，选择界面左栏的【曲线】—【样条】功能快捷按钮，关闭【闭合】选项，开启【吸附】选项。然后绘制兔子的嘴部线条，绘制完成后，会弹出工具列，选择其中的【镜像】模式可以实现嘴部曲线的对称效果。用笔点击嘴部曲线，可以插入控制点（图 2-19）；如果拖着当前控制点靠近另一控制点进行合并，可以去除当前控制点。在弹出的工具列中还有一个【半径】图标，通过单击图标可以实现对三种

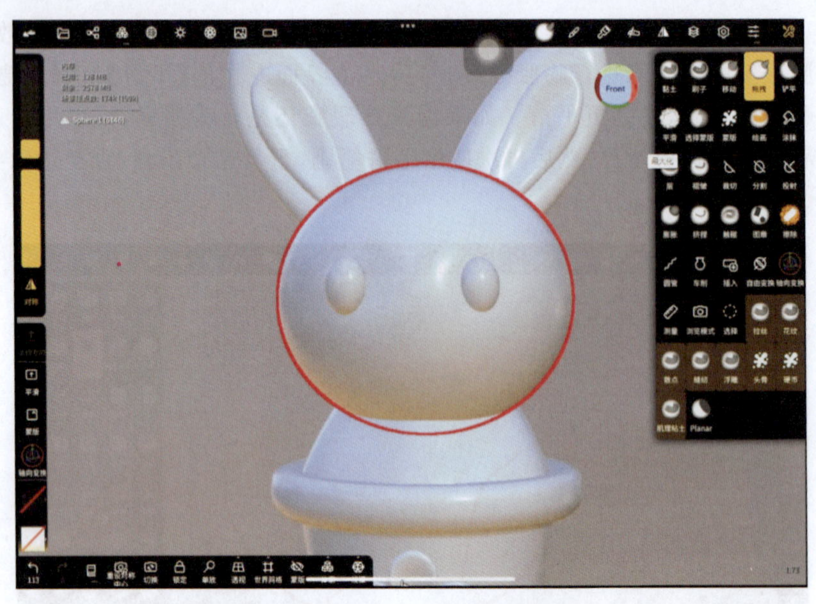

图 2-18 制作小兔子的眼睛及眼窝

不同半径调整模式的切换，默认是起笔处的半径调整，这种调整是整条圆管的粗细都会跟着一起改变；其次是圆管首尾两端的半径调整；最后是每一条曲线上控制点处的半径调整。

图 2-19 点击嘴部曲线插入控制点

注意 开启【吸附】选项后的效果是绘制后产生的圆管会贴附在物体表面，圆管可以根据物体的表面形态变化。如果没开【吸附】模式，则只有起笔的位置在物体表面，后面画完的圆管是低于此处水平面的。

此外，因为 Nomad 软件版本更新等因素，有时用触控笔调整控制点可能会无效，如果遇到了这种情况，可以使用手指进行操作。开启【手势设置】面板中的【雕刻】—【任何】选项，则触控笔和手都能正常识别。

步骤 18　完成圆管绘制后，点击弹出工具列内的【转换】功能按钮后，会弹出提示面板，选择【组合子项】—【确认】，这样左右两边的圆管就可以融合成一个图层了(图 2-20)。开启平滑笔刷的对称功能后，对嘴部顶端进行平滑处理，消除中间的接缝瑕疵。

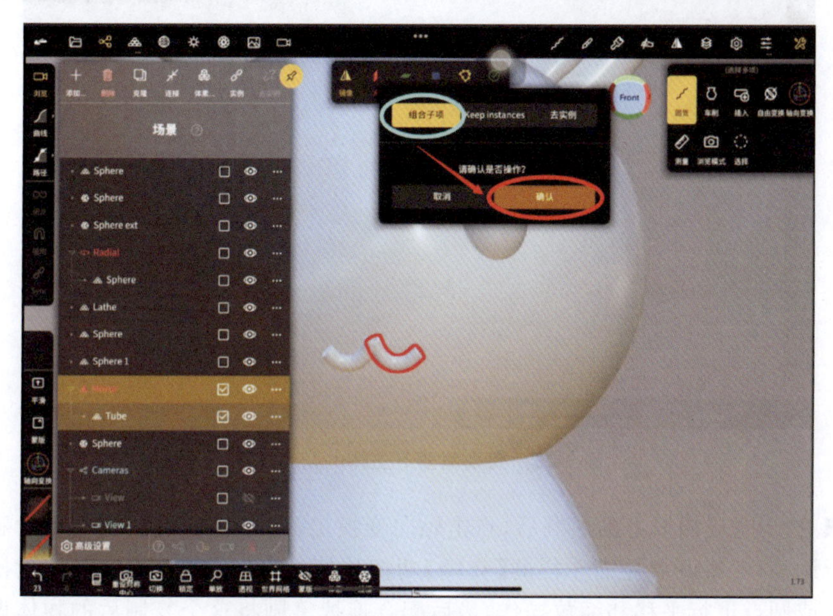

图 2-20　将嘴部圆管融合为一个图层

步骤 19　小兔子前爪的制作方式同眼睛做法一致(图 2-21)。

图 2-21　制作小兔子的前爪

步骤 20 现在开始制作小兔子怀里抱着的胡萝卜。选择车削笔刷，并关闭【固定位置】选项(图 2-22)。之后点击【转换】功能按钮，完成绘制。

图 2-22 完成胡萝卜主体的初步造型

步骤 21 完成胡萝卜的绘制后，点击轴向变换工具，对胡萝卜的大小尺寸和位置等细节进行调整，然后开启界面左栏的【克隆】功能快捷按钮，再次拖动轴向变换操作轴的相关箭头或圆点进行平移和缩放操作，最后配合拖拽笔刷将这个复制后的物体做成胡萝卜叶子的造型。完成塑形后，在【场景】面板中选择【添加】—【径向】，对胡萝卜叶子进行环形阵列复制的操作，参数可以设定为 3(图 2-23)。

图 2-23 将胡萝卜叶子环形复制 3 个

注意 当使用车削笔刷完成胡萝卜的制作时，因为关闭了【固定位置】选项，新生成的物体的操作轴方向是根据所绘制的横截面曲线首尾两端的连线来定位的，包括后续通过轴向变换工具的克隆功能复制得到的物体以及径向阵列功能也是一样的定位效果。此外，开启拖拽笔刷的对称功能，也是随着这个轴向定位的。

步骤 22 选择笔刷工具箱的褶皱笔刷，调整好界面左栏笔刷半径参数后，在叶片上进行细节雕刻，画出叶脉（图 2-24）。

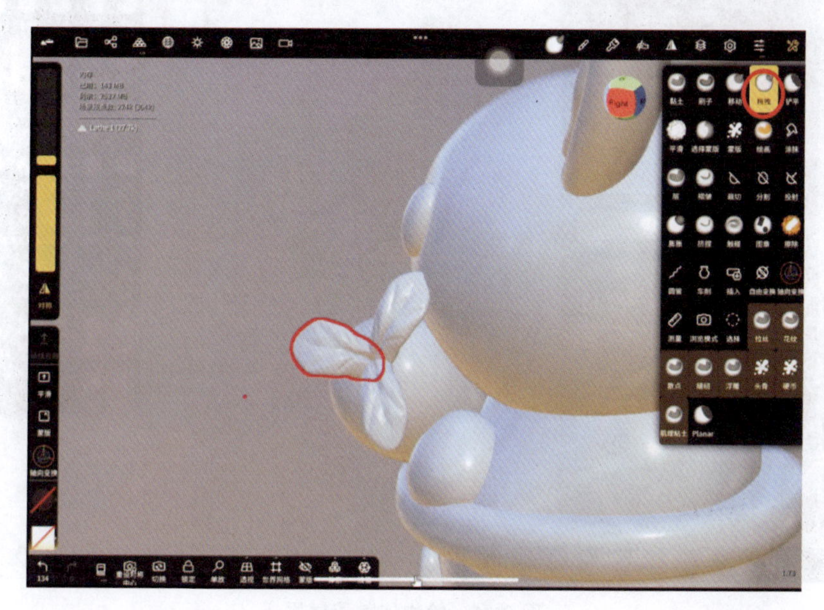

图 2-24 画出叶脉

对胡萝卜主体的细节雕刻也可以用褶皱笔刷来完成（图 2-25）。至此，花盆中的小兔子部分建模完成，接下来开始材质赋予和渲染操作。

图 2-25 刻画胡萝卜主体细节

步骤 23 选择要赋予材质的物体后，点击绘画笔刷，开启界面左栏的材质球面板，设定好颜色、粗糙度、金属度后，点击【强制全部上色】按钮（图 2-26）。

注意 使用强制全部上色功能后，可以在赋予物体材质时不受蒙版等因素的影响。

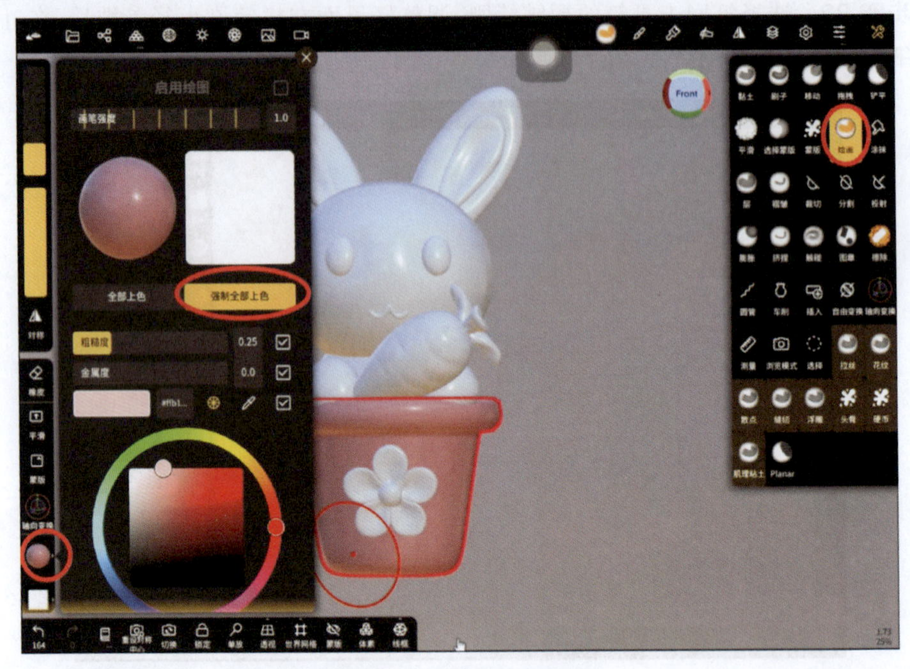

图 2-26 给物体赋予材质

选取不同颜色之后，依次给模型各部分上色，再单独选取颜色进行局部细节绘制。

步骤 24 完成全部绘画及渲染相关设定和操作后，可以打开项目面板，用手指向上滑动面板边缘滚动面板，在【渲染】栏完成相关选项后点击【导出为 png】功能按钮，完成最终成品图片导出（图 2-27）。也可以尝试用其他材质达到不同的效果（图 2-28）。

注意 此处导出的是平面渲染图，如果是要用于 3D 打印的 3D 文件，可以在确保没有外露边缘的情况下从【导出】栏选择 STL 格式导出。在进行 3D 打印前，一定要确认好实际尺寸、比例等工艺细节。

【案例小结】

这个案例中使用了很多组合操作，通过简单功能的组合也可以实现复杂的造型创作。其中有很多关于轴向变换工具操作轴坐标定位的相关操作，在学习过程中一定要仔细体会，有些功能的效果会直接受操作轴位置的影响。在创作过程中，应先尽可能地实现案例中所演示的这些结构和零件，在此基础上再去提升美观度。如果遇到了不容易解决的问题，可以跳过当前步骤，先完成其他不受此步骤影响的环节，随着熟练度的提高以及对软件功能使用的理解，再返回来看之前遗留的问题，会更容易领悟。

图 2-27　盆栽小兔子成品图片(一)

图 2-28　盆栽小兔子成品图片(二)

3 基础案例:炫彩蝴蝶

【任务描述】

利用 Nomad 软件完成如图 3-1 所示炫彩蝴蝶的建模,学习蒙版和抽壳相关重点功能的操作与应用。

图 3-1 炫彩蝴蝶效果图

【建模思路】

本次任务中的蝴蝶为片状结构。在制作时,为了让物体厚度均匀,可以先制作单层面,使用拖拽工具将单层面的造型塑造好后,通过遮罩加抽壳的方式使蝴蝶具有一定的厚度。

【步骤详解】

步骤 1 点击项目菜单的【新建】按钮,创建新场景。

注意 新建文件的起始操作和第 2 章一致,并且新创建的场景会沿用上一个文件的 HDRI 场景设定。

步骤 2 点击顶栏场景菜单按钮,先将新建文件内初始球体场景图层的小眼睛图标关闭。然后点击【添加】按钮，在弹出的基本体面板中选择【平面】，完成一个单层面网格的创建（图 3-2）。创建后点击顶部浮动工具栏【转换】按钮。

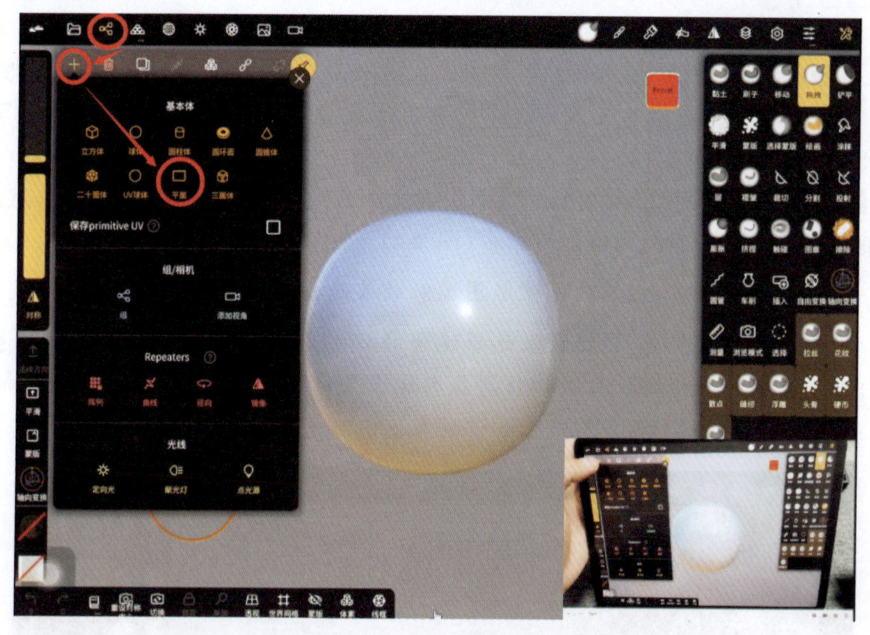

图 3-2　创建单层面网格

注意　为了方便观察后续操作，请确保显示设置面板内的【双面显示】功能按钮处于开启状态（图 3-3）。

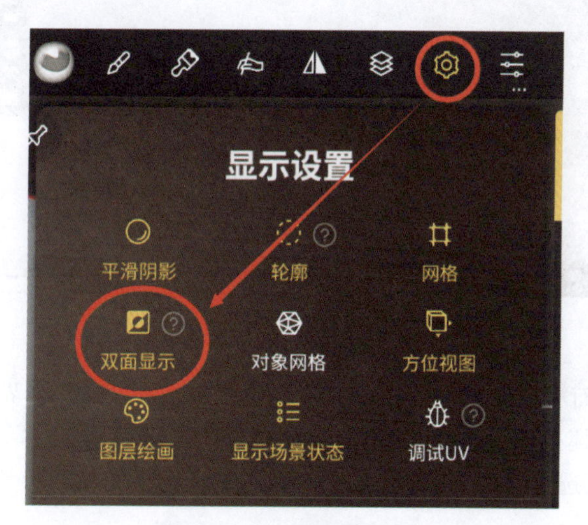

图 3-3　开启【双面显示】

延展知识点　如果模型将用于 3D 打印，那么在此步骤创建平面物件前，可以依次点击【场景】—【添加】按钮，再在弹出的面板中选择【球体】，完成用于尺寸参照的小球创建。然后打开拓扑面板的【基本体】栏，设定小球的半径。比如，预计的蝴蝶长度为

15mm，这里用于尺寸参照的小球的半径参数就可以设定为7.5mm。

注意 其他基本体大部分不具备这种相对精确的尺寸参数，所以在Nomad建模时若想实现预计的尺寸，先创建小球再调整其半径尺寸参数的操作方式为最佳方式。除此之外，也可以在Rhino这类专业工业建模软件中做好蝴蝶的基本大形，然后把这些有精确参数的模型导入Nomad中，导出格式建议为.STL，注意导出前不能有外露边缘。

步骤3 保持平面模型所在的场景图层在选中状态下，打开多重网格面板，点击三到四次【细分】按钮，使平面的网格面数增多（图3-4）。

注意 面数越多，之后绘制蒙版图案时效果越细腻，但会对设备性能造成一定压力，可以多次尝试不同参数，根据效果选择适合的方案。此外，如果之前没有点击【转换】按钮，打开多重网格面板时会自动切换到基本体设置面板，虽然此处也可以调整细分，但其功能不如【多重网格】面板中的细分功能稳定。

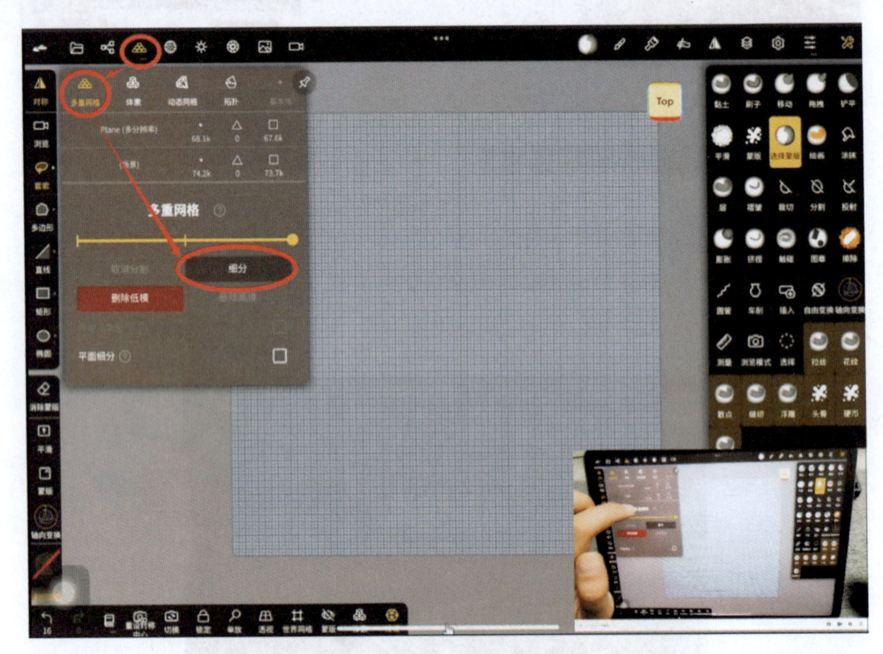

图3-4 增大平面网格面数

步骤4 在界面右栏笔刷工具箱中点击【选择蒙版】工具，开启界面左栏【套索】模式和【对称】模式的快捷按钮，以蒙版的形式绘制蝴蝶的上部翅膀（图3-5）。

步骤5 点击【选择蒙版】工具的设置面板，将抽壳厚度参数设置为0，然后点击【抽壳】按钮（图3-6）。

注意 在关闭操作栏选择【抽壳】模式的前提是抽壳厚度参数为0。如果设置了厚度，这一步生成的就不是单层面网格了，而是一个有均匀厚度的实体。如果抽壳厚度参数不设置为0，也可以在关闭操作栏中选择【无】，效果也是一样的。

抽壳后的单层面网格如图3-7所示，之后可以对上部翅膀进一步雕刻。

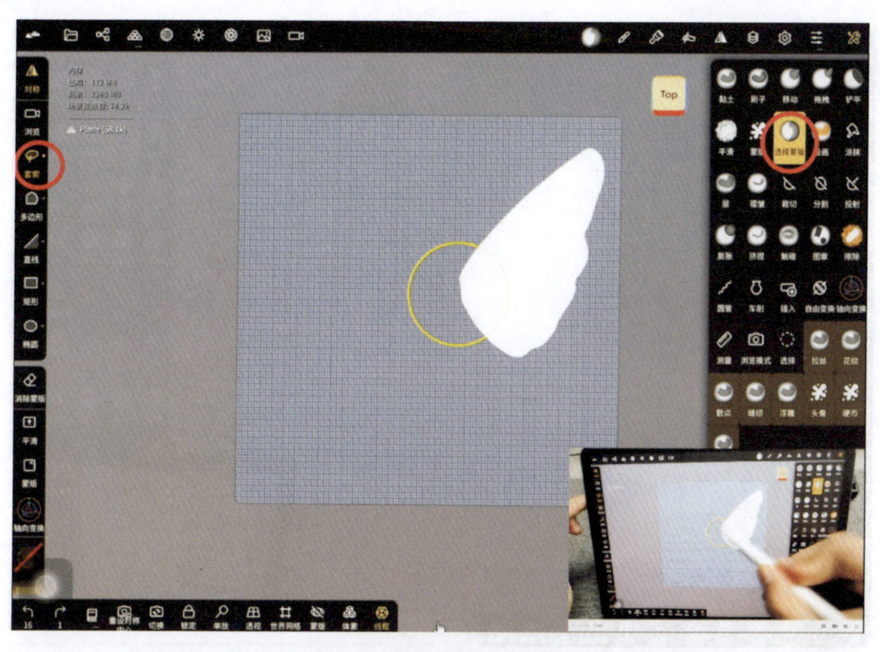

图 3-5 绘制蝴蝶上部翅膀

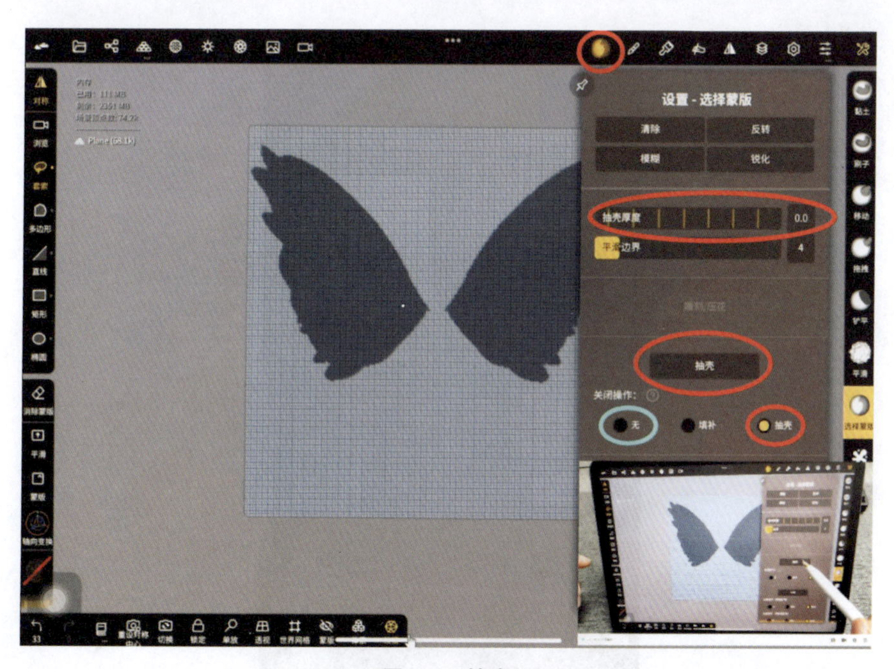

图 3-6 抽壳

步骤 6 在界面右栏笔刷工具箱中选择绘画笔刷，然后点击界面左栏材质球图标，在弹出的面板中设定好颜色后，点击【强制全部上色】按钮，赋予蝴蝶上部翅膀材质，方便绘制蝴蝶下部翅膀时区分视觉效果(图 3-8、图 3-9)。

步骤 7 接下来再次创建平面，制作蝴蝶下部翅膀，操作方法和蝴蝶上部翅膀的制作

图 3-7　完成抽壳

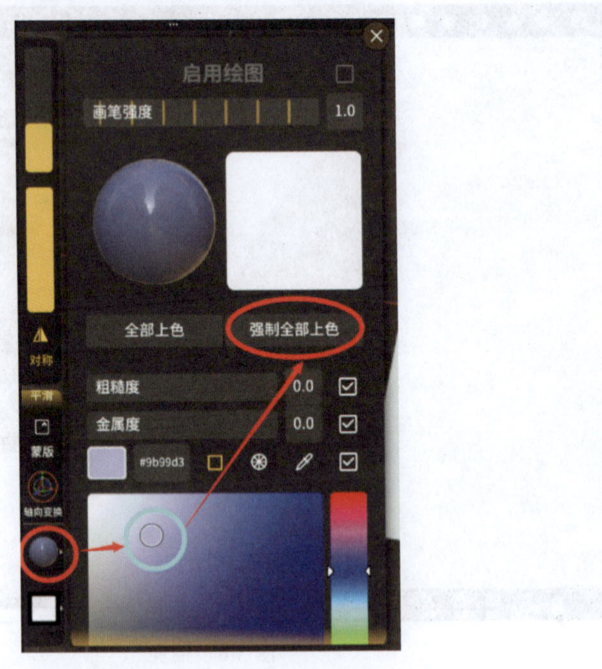

图 3-8　赋予蝴蝶上部翅膀材质(一)

过程是一样的(步骤 4—步骤 6)(图 3-10)。

注意 如果不想在此步骤中另外新建平面，也可以将之前制作蝴蝶上部翅膀时的平面选中，确保界面左栏【蒙版】功能快捷按钮处于未开启的状态，用手指按住【蒙版】

图 3-9 赋予蝴蝶上部翅膀材质（二）

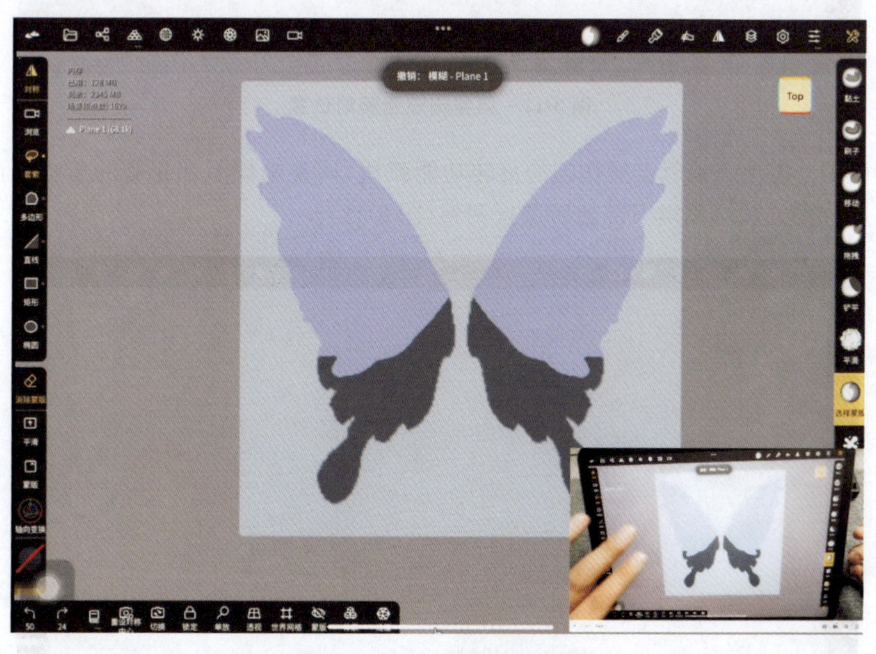

图 3-10 制作蝴蝶下部翅膀

功能快捷按钮，并用笔在画布空白处框选，清除全部蒙版后直接开始绘制蝴蝶下部翅膀的蒙版图案。

步骤 8 隐藏其他无关模型，选中场景菜单内蝴蝶上部翅膀所在的场景图层后，选择界面右栏笔刷工具箱的轴向变换工具，开启界面左栏的【对称】模式按钮，点击【编辑原点】功能快捷按钮，这样可以只调轴向变换工具操作轴的位置，而物体本身不会有任何位置变动。拖动轴向变换工具操作轴的平移功能箭头，将其移动至蝴蝶上部翅膀的根部(图 3-11)。完成这步操作后再次点击【编辑原点】功能快捷按钮，关闭当前这种操作轴可移动的状态。

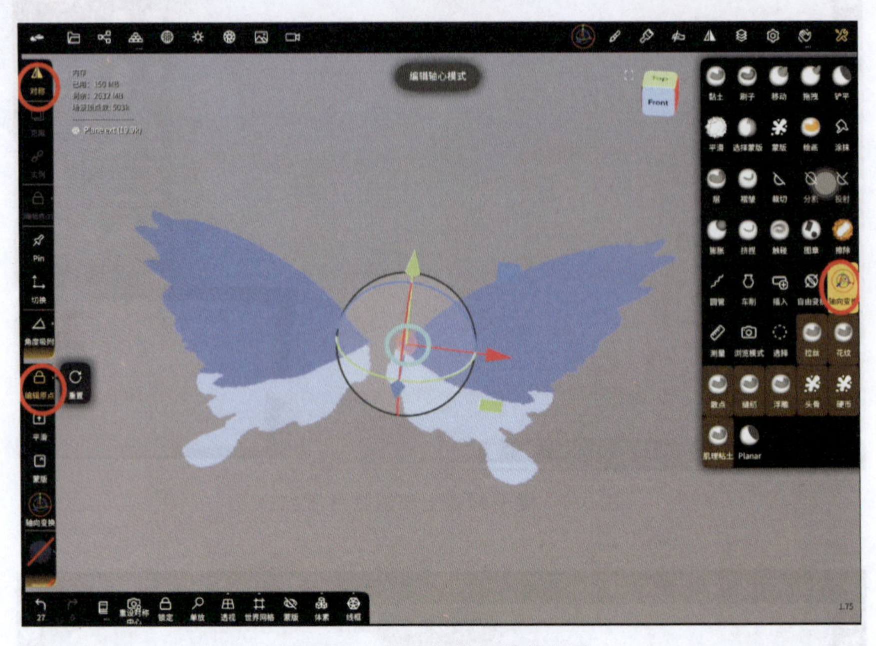

图 3-11　调整蝴蝶翅膀的位置

步骤 9　拖动编辑原点操作轴的旋转功能弧线，调整蝴蝶上部翅膀的扇动角度。完成后以同样的方法对蝴蝶下部翅膀进行调整(图 3-12)。

图 3-12　调整蝴蝶翅膀的扇动角度

步骤 10 打开界面右栏笔刷工具箱的拖拽笔刷，并且开启界面左栏的【对称】功能按钮，将蝴蝶的上、下部翅膀做整体的起伏塑造，尤其是在翅膀的边缘部位，尽可能加入一些褶边，这样可以更凸显精致细节(图 3-13)。

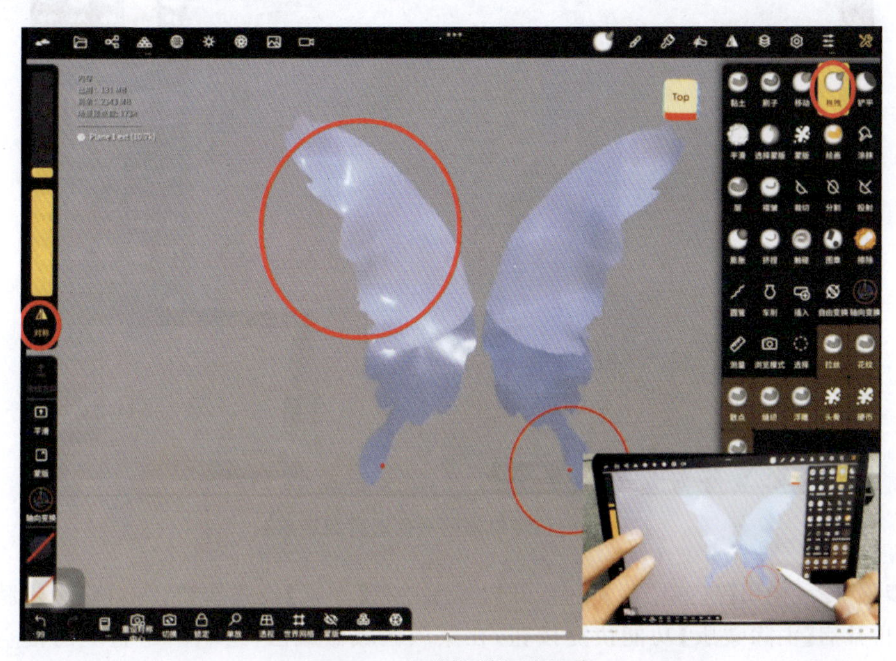

图 3-13 调整蝴蝶翅膀细节

步骤 11 选择黏土笔刷后，打开界面左下工具栏的【Alpha】按钮，选择如图系统自带纹理 Alpha，这样可以在蝴蝶翅膀表面进行肌理雕刻(图 3-14、图 3-15)。

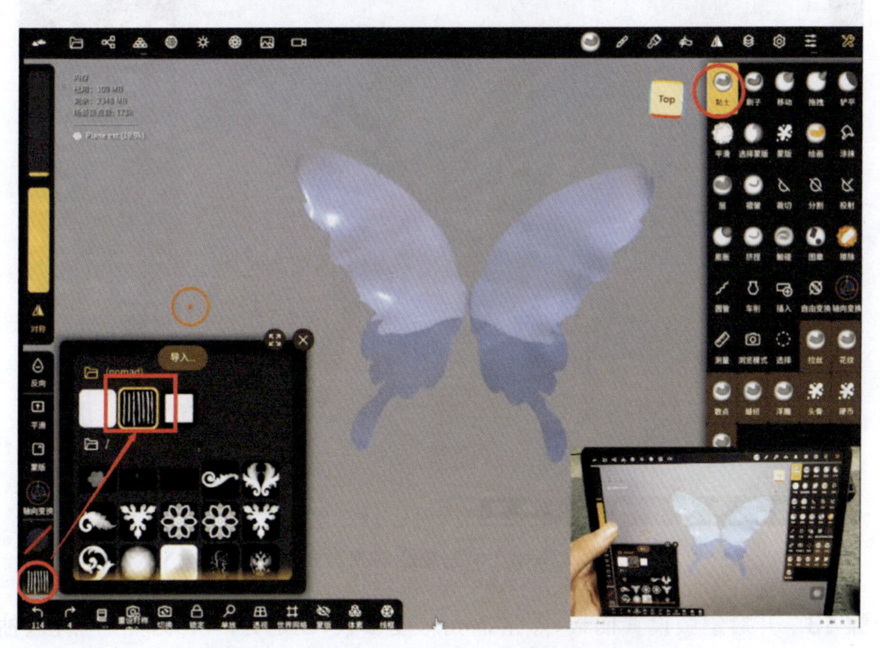

图 3-14 选择黏土笔刷和系统自带纹理 Alpha

图 3-15 在蝴蝶翅膀表面进行肌理雕刻

步骤 12 使用【选择蒙版】工具，开启界面左栏【套索】模式按钮，先将整个翅膀涂满蒙版，再开启【消除蒙版】功能快捷按钮，在蒙版区域做减法，绘制出翅膀上的镂空图案（图 3-16）。

图 3-16 绘制翅膀镂空图案

步骤 13 开启蒙版设置面板，点击抽壳厚度参数，设定为－0.55，然后点击【抽壳】功能按钮（图 3-17）。

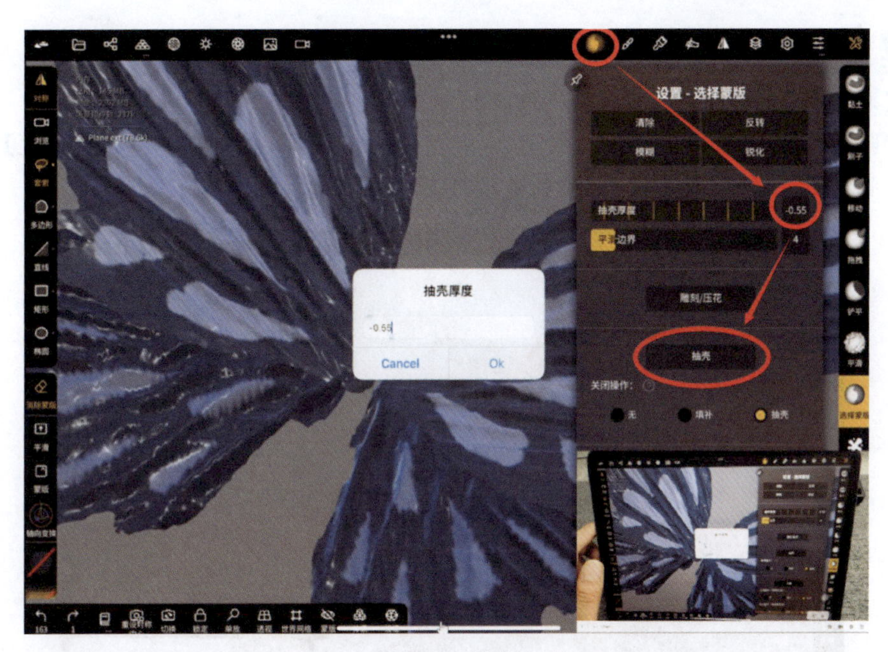

图 3-17　抽壳

注意 此处参数不是物体真实尺寸，而是相对比例，可以尝试输入多种参数，根据效果选择最合适的一种。参数为正，表示向网格正面加厚；参数为负，表示向网格背面加厚。此外，如果物体自身面数较少，则抽壳后生成的物体可能会有较为明显的锯齿状瑕疵，可以撤销至抽壳前步骤，将物体面数细分后再重新做抽壳操作。

完成抽壳后，可以打开场景面板，将之前绘制了蒙版的原始单层面翅膀所在场景图层隐藏起来（图 3-18，点击图中红圈所示小眼睛图标）。

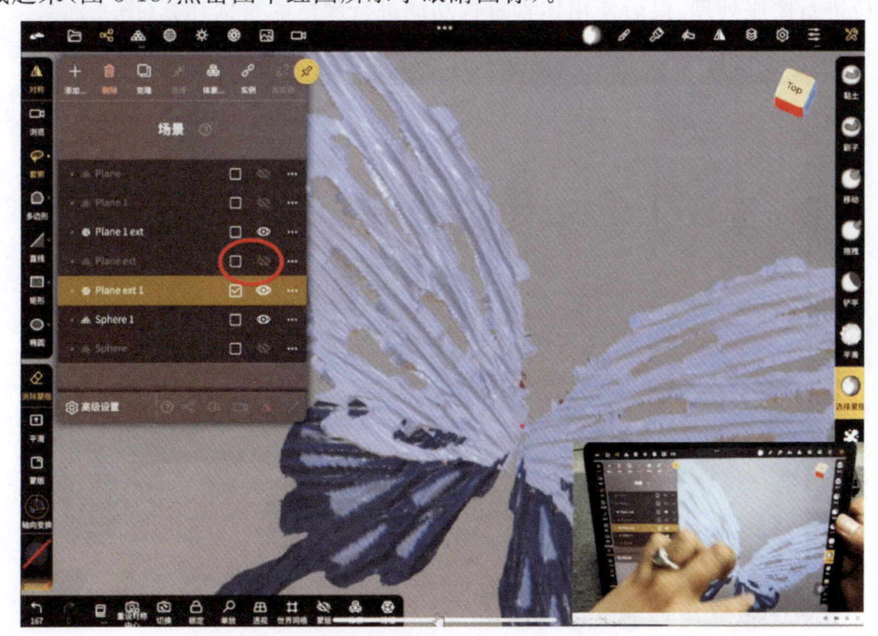

图 3-18　隐藏场景图层

注意 处于选中状态下的相关场景图层是无法完全隐藏的，可以先勾选其他未隐藏图层，再通过关闭目标图层的小眼睛图标将其完全隐藏。

步骤 14 为了方便雕刻时观察结构，可以打开渲染模式面板，选择【材质捕捉】模式，选择后物体的光影材质效果将会变成雕塑黏土状（图 3-19）。

图 3-19 调整物体光影材质效果

步骤 15 选择铲平笔刷对蝴蝶翅膀边缘进行平整处理，对于有尖锐棱角的边缘，也可以通过压平进行倒角处理。有穿孔或过薄导致的破面等瑕疵处，可以使用膨胀笔刷在相关部位进行膨胀处理，最后使用体素重构功能进行网格的重构计算（图 3-20）。

图 3-20 处理蝴蝶细节

注意 这一步骤中体素重构功能所用的分辨率参数不能太高或太低。分辨率参数过高，就无法消除破面等瑕疵问题；分辨率参数过低，则会丢失许多之前制作的肌理等需要保留的细节。

步骤 16 在场景面板中选中之前隐藏的绘制了蒙版图案的单层面蝴蝶翅膀，使用蒙版设置面板里的【反转】功能按钮，让翅膀蒙版之前的镂空区域显示为蒙版（图 3-21）。

图 3-21 让翅膀蒙版之前的镂空区域显示为蒙版

使用与步骤 13 同样的方法，对蒙版区域进行抽壳，并使用铲平笔刷、膨胀笔刷对抽壳后的物体进行整修雕刻，如果跟之前完成的蝴蝶翅膀镂空部位边缘误差较大，可以继续用拖拽笔刷对形状进行调整，最终完成透明空窗珐琅的建模制作（图 3-22）。

步骤 17 接下来开始进行渲染相关操作设定。首先打开渲染模式面板，切换回【PBR】模式（图 3-23）。

接着选择绘画笔刷，赋予蝴蝶翅膀以彩色金属材质，将透明空窗珐琅部位零件设置为紫色，金属度参数设置为 0。然后将透明空窗珐琅部位零件的材料类型设定为【折射】模式，根据视觉美观需要，设置一定的反射率和折射率参数，也可以勾选【吸收效果】选项，进一步加强其透明质感（图 3-24）。

步骤 18 打开项目面板，选择【添加到场景】功能按钮，导入装饰点缀用的圆钻模型（图 3-25）。

注意 这里导入的模型只要是.STL 和.OBJ 格式都可以正常使用，注意导入的

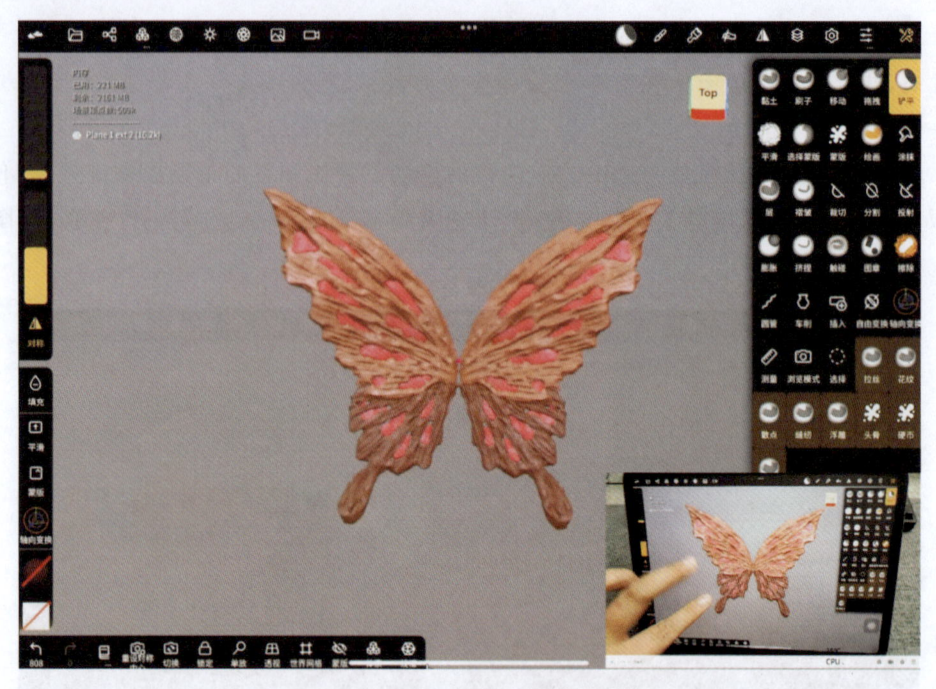

图 3-22　完成透明空窗珐琅的建模

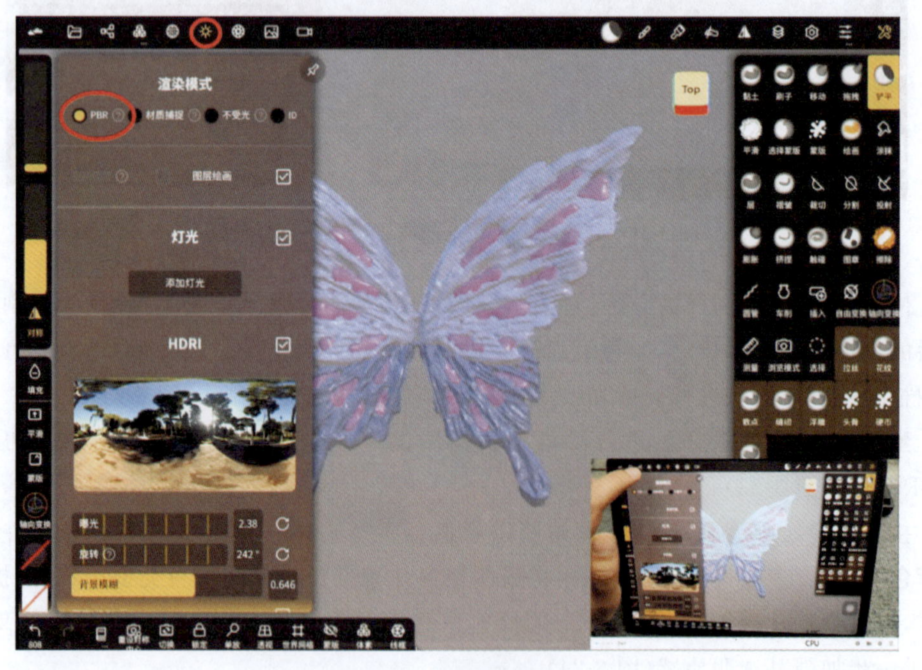

图 3-23　设置渲染模式

模型面数不要太多。

这里也可以直接用 Nomad 自带的圆形、圆锥等其他基本体进行装饰点缀操作。

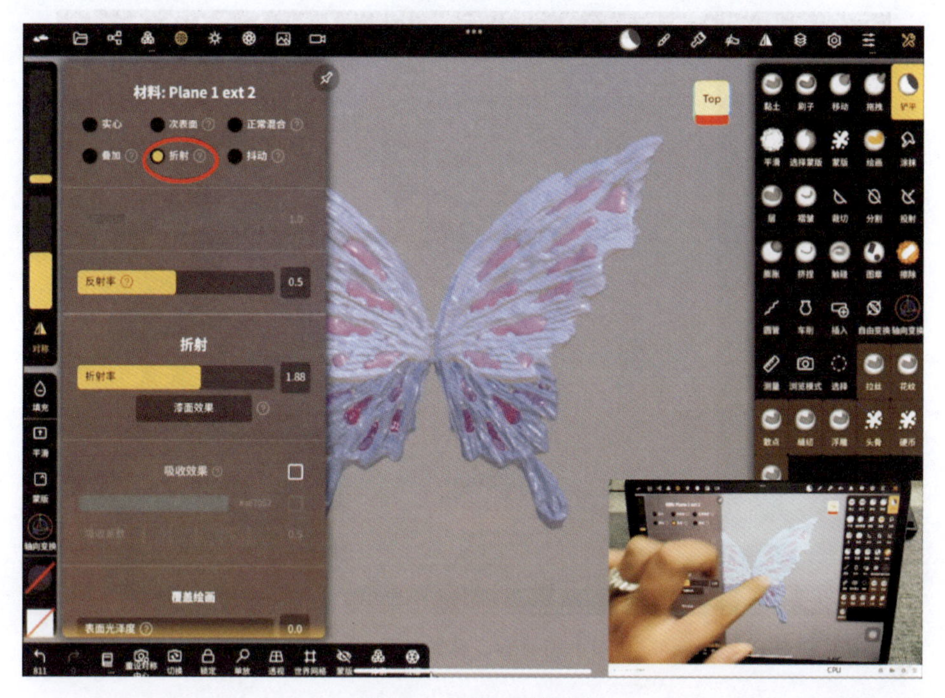

图 3-24　设置渲染属性

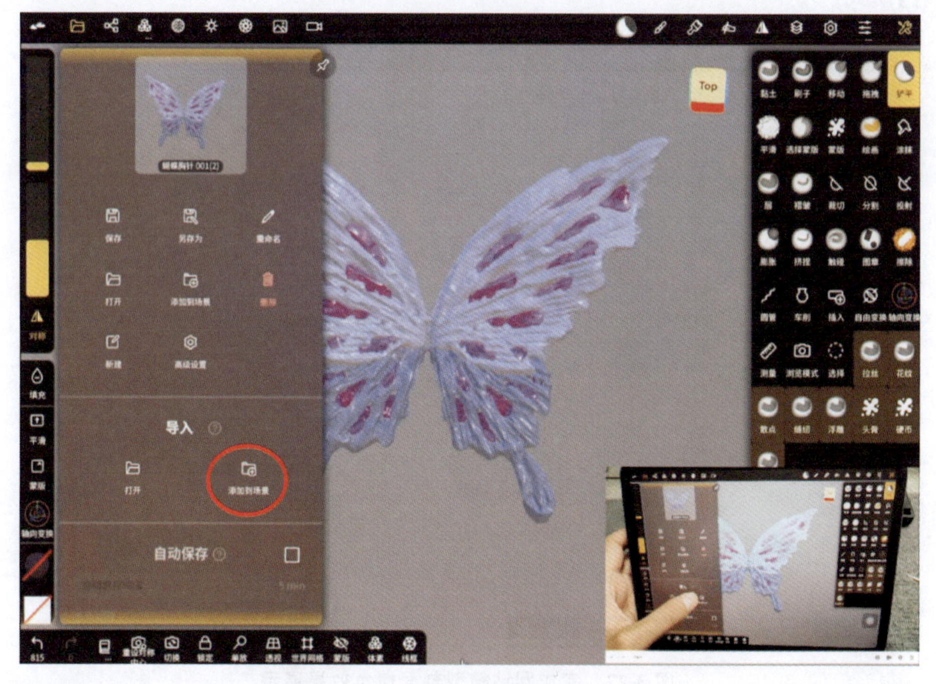

图 3-25　选择【添加到场景】功能按钮

在文件中找到需要导入的模型后，点击【选择】功能按钮完成导入（图 3-26）。

导入模型后，因为要展现圆钻模型的刻面棱角效果，所以要在材料面板将平滑阴影

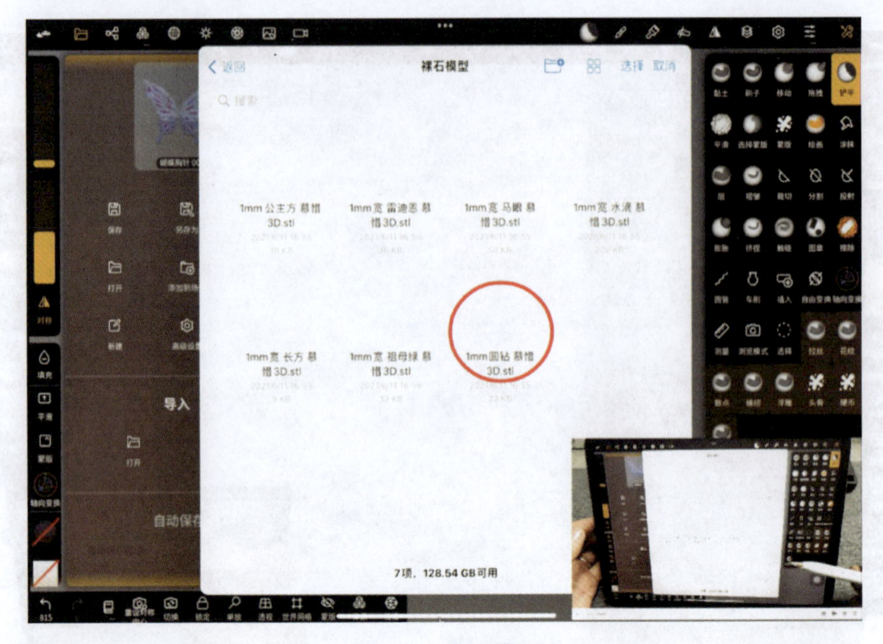

图 3-26　导入模型

功能关闭，否则模型就会变成光滑的圆润效果(图 3-27)。将圆钻模型材质类型也设定为【折射】模式。

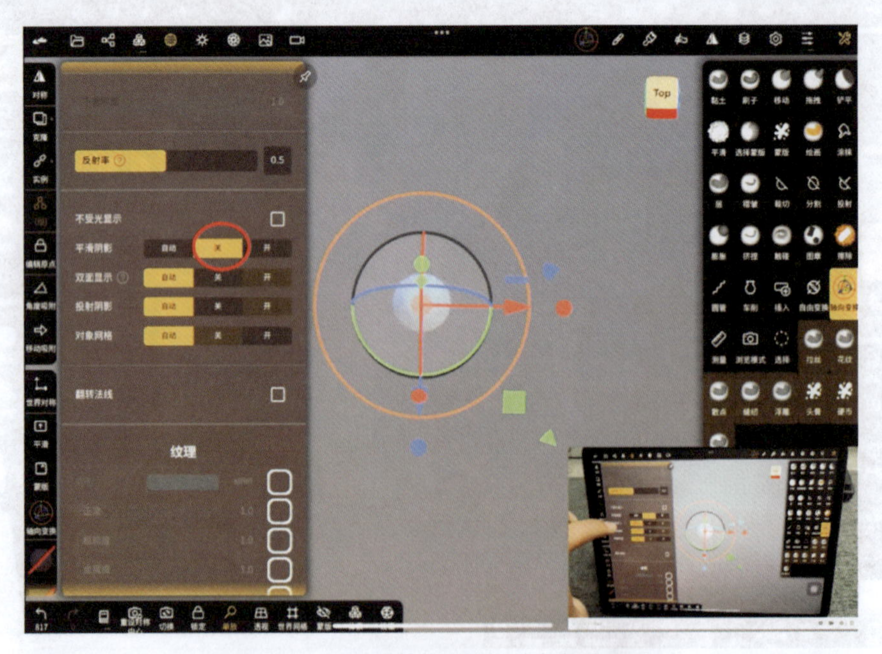

图 3-27　完成圆钻模型刻面棱角效果展示

步骤 19　选择圆钻模型后，打开轴向变换工具，开启界面左栏【编辑原点】功能按钮，用笔拖住轴向变换工具操作轴的绿色轴向箭头，进行上下移动调整，直至操作轴中心点在宝石模型的腰部位置(图 3-28)。

注意 操作轴的中心点位置决定了使用插入笔刷时圆钻模型在蝴蝶翅膀表面的深浅位置。

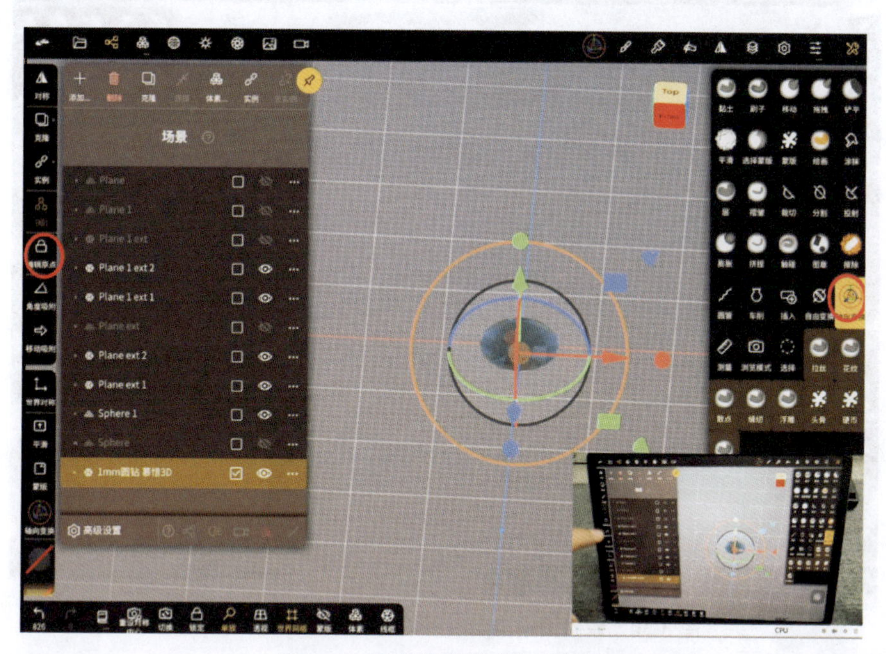

图 3-28　调整操作轴中心点位置

步骤 20　点击界面右栏工具箱中的插入笔刷，开启界面左栏【实例】功能快捷按钮，在蝴蝶翅膀表面进行插入操作(图 3-29)。

图 3-29　在蝴蝶翅膀表面插入圆钻模型

步骤 21 对于已经插入的圆钻模型，可以用自由变换工具对其位置和角度进行微调（图 3-30）。

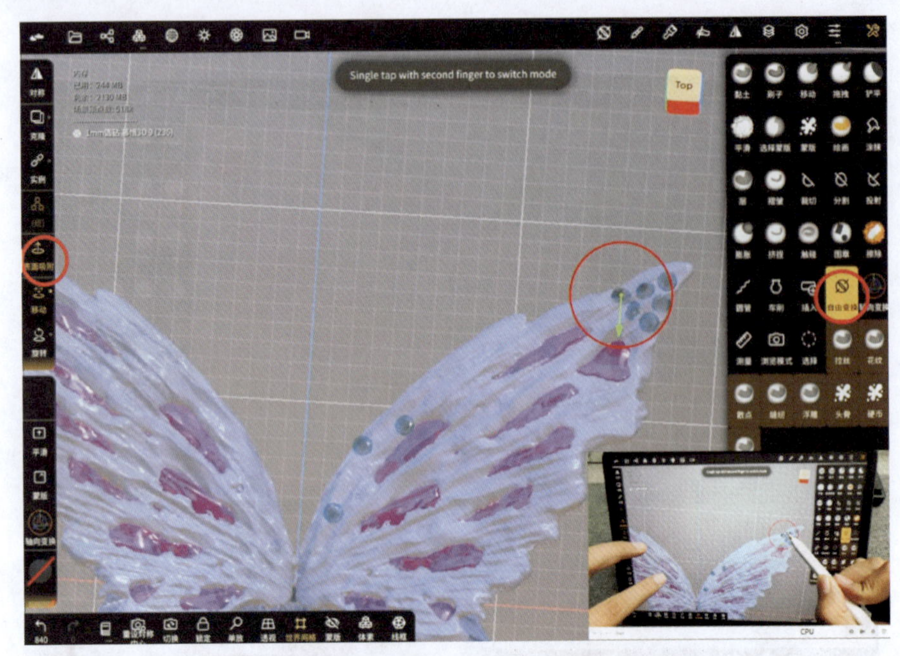

图 3-30 调整圆钻模型在蝴蝶翅膀上的位置和角度

步骤 22 打开场景面板，将所有圆钻模型选中并点击【连接】功能按钮，这样可以将其全部合并为单一场景图层，方便进行材质调整等操作管理（图 3-31）。

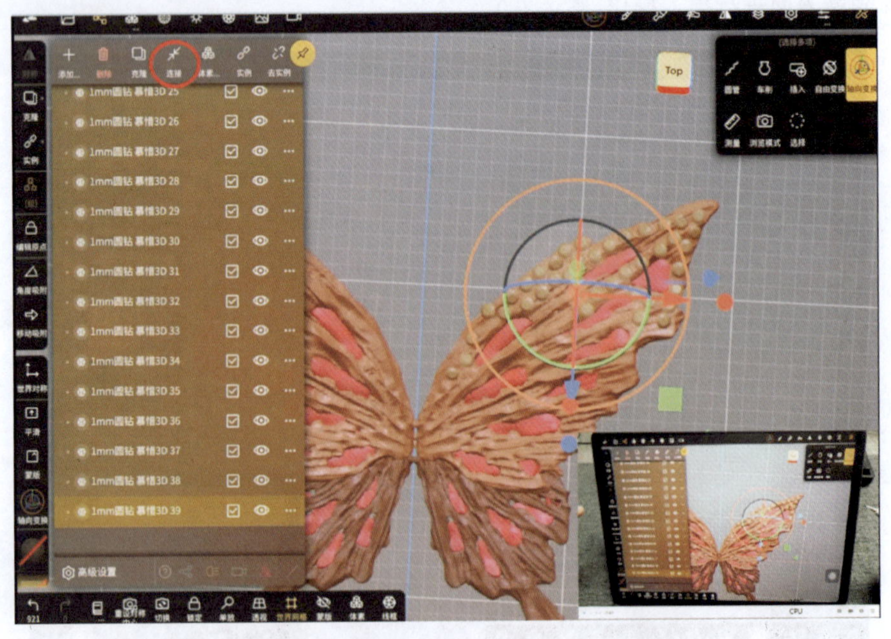

图 3-31 合并图层

步骤 23 用与步骤 18 同样的方式导入水滴形宝石模型作为主体装饰，并将其材质类型设定为透明效果的【折射】模式（图 3-32）。

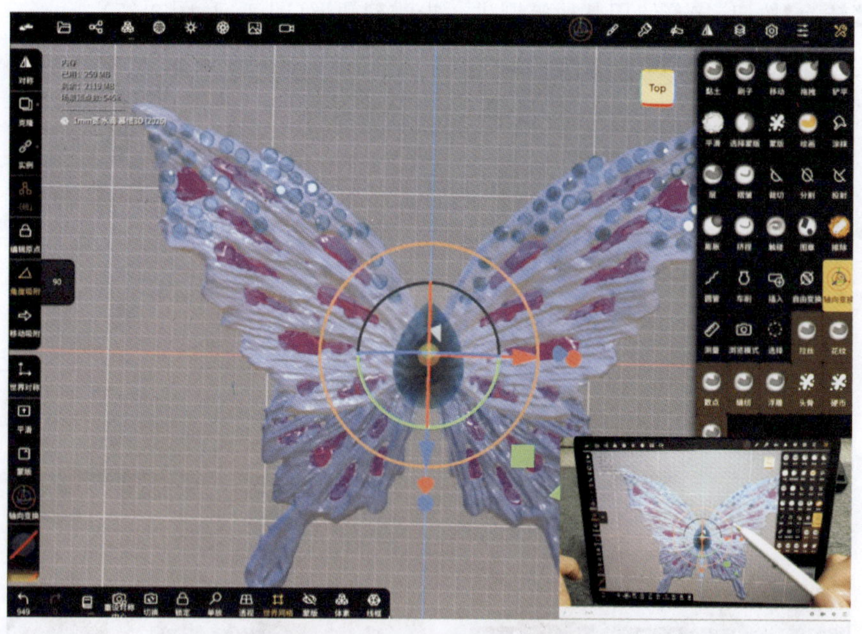

图 3-32 导入主体装饰模型

使用轴向变换工具的克隆功能将水滴形宝石模型复制一份后，点击【角度吸附】功能按钮并将参数设定为 90°，这样复制后的水滴形宝石模型将在原来的位置旋转 180°（图 3-33）。

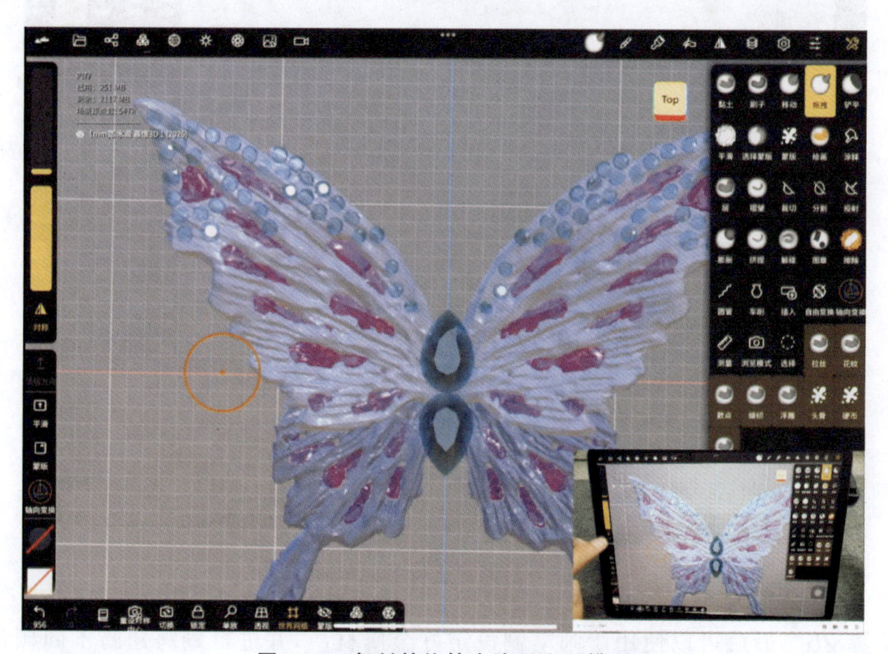

图 3-33 复制并旋转水滴形宝石模型

步骤 24 使用圆管笔刷绘制蝴蝶身体和固定用零件(这一步可以根据实际情况灵活发挥,只要是能固定住水滴形宝石模型的结构都可以)。完成后点击圆管笔刷悬浮工具列的【转换】按钮,接着使用其他笔刷进一步雕刻塑形(图 3-34、图 3-35)。

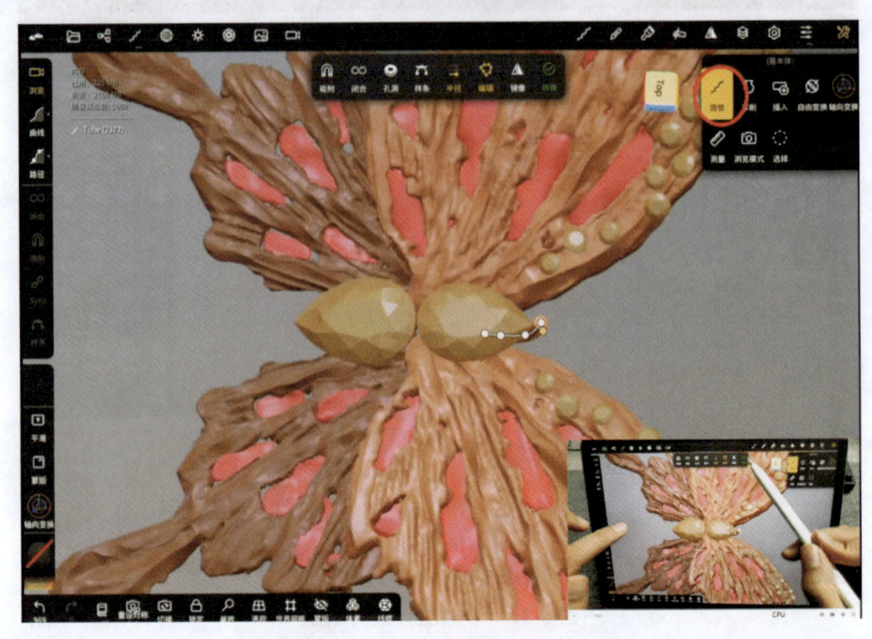

图 3-34 对蝴蝶进行雕刻塑形(一)

图 3-35 对蝴蝶进行雕刻塑形(二)

步骤 25 最后可以使用绘画笔刷设定好金属材质,并进行蝴蝶翅膀不同颜色的渐变绘制，图 3-36 所示模拟的是对钛金属进行阳极化处理后的着色效果，也可以根据自己的喜好进行不同风格的创作。

图 3-36　完成创作

【案例小结】

本章炫彩蝴蝶案例中使用了大量基础功能的组合操作，蒙版的绘制和使用是重点知识。对于绘制蒙版时的一些操作手法，一定要勤加练习，有时手法或操作方式不对，也会导致绘制出现问题。本案例操作过程较复杂，在制作过程中一定要及时保存文件，随时注意 iPad 内存空间的变化，以免模型过于复杂或面数过多时软件崩溃导致文件丢失。

4 基础案例:樱桃奶酪

【任务描述】

利用Nomad软件完成如图4-1所示樱桃奶酪的建模,主要学习阵列、布尔运算以及打光相关重点功能的操作和应用。

图4-1 樱桃奶酪完成效果图

【建模思路】

虽然这个樱桃奶酪的甜点是被咬了一口的造型,但是我们在创作前需要按完整的造型去思考。先通过阵列相关功能做出剪切物,通过布尔运算相关功能做出奶酪表面的纹理,最后再使用裁切笔刷做出被咬过后的牙印效果。

【步骤详解】

步骤1 点击项目菜单的【新建】按钮,创建新场景。

步骤2 点击顶栏场景菜单按钮,先将新建文件内初始球体所在场景图层的小眼睛图标关闭。然后点击【+】图标,在弹出的面板中选择【立方体】,完成一个立方体模型的创建(图4-2)。创建后点击顶部浮动工具栏中的【转换】功能按钮。

图 4-2　创建立方体模型

步骤 3　保持平面的场景图层在选中状态下，打开多重网格面板，点击三到四次【细分】功能按钮，使平面的网格面数增多。点击界面底栏的【线框】功能按钮可以使物体以网格线框的形式显示，通过观察网格细密程度可以判断物体面数细分操作是否成功(图 4-3)。

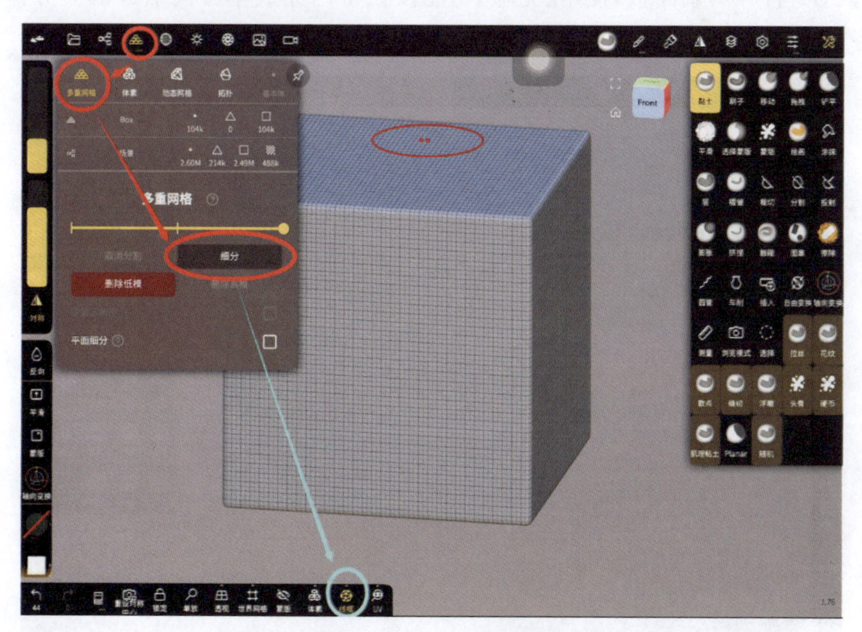

图 4-3　增大平面网格面数

注意　如果上一步没有点击【转换】按钮，则这一步无法进行细分操作，打开面板后会直接显示基本体相关设置信息。

步骤 4　利用轴向变换工具绿色轴向圆点的单方向缩放功能，将立方体进行上下单方向缩放变形（图 4-4）。

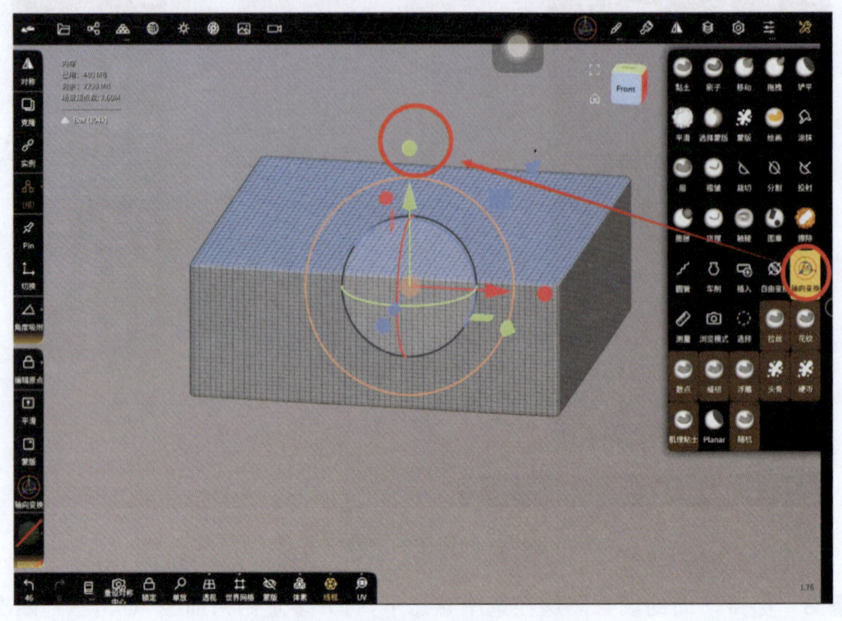

图 4-4　将立方体进行缩放变形

步骤 5　打开场景面板，使用【克隆】功能按钮将已完成单方向缩放的立方体复制一份，并将立方体所在场景图层的小眼睛图标关闭，隐藏立方体（图 4-5）。

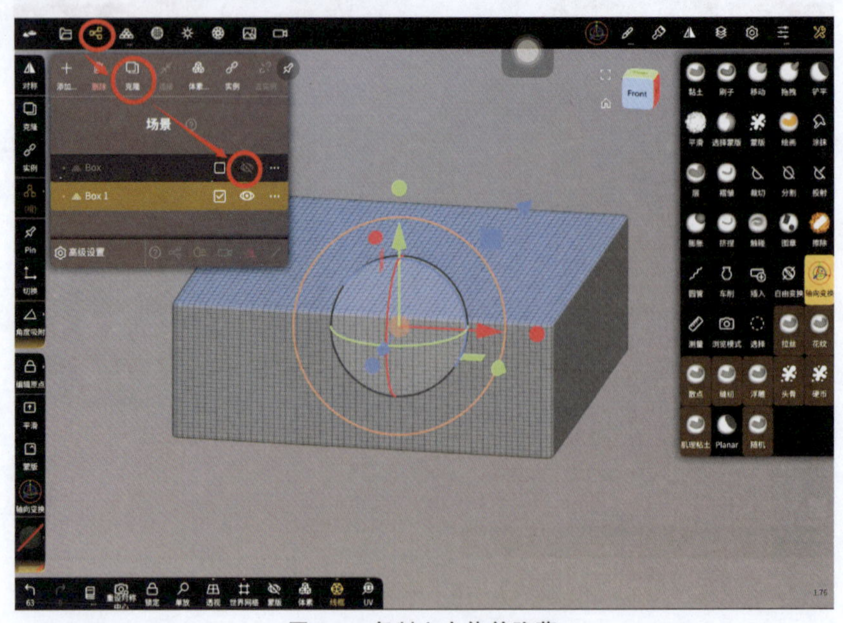

图 4-5　复制立方体并隐藏

注意　这两个立方体是一样的，隐藏哪个都可以。

步骤 6 点击界面右侧的视图图标【Front】，将立方体摆正，也可以通过点击视图图标左侧的小房子图标快速将物体居中显示和回到正视图摆正(图 4-6)。

注意 小房子图标上面那个方框图标可用于最大化完整显示物体，当物体在视图界面放大或缩小到不方便观察时，可以使用此功能快速完整地显示物体。

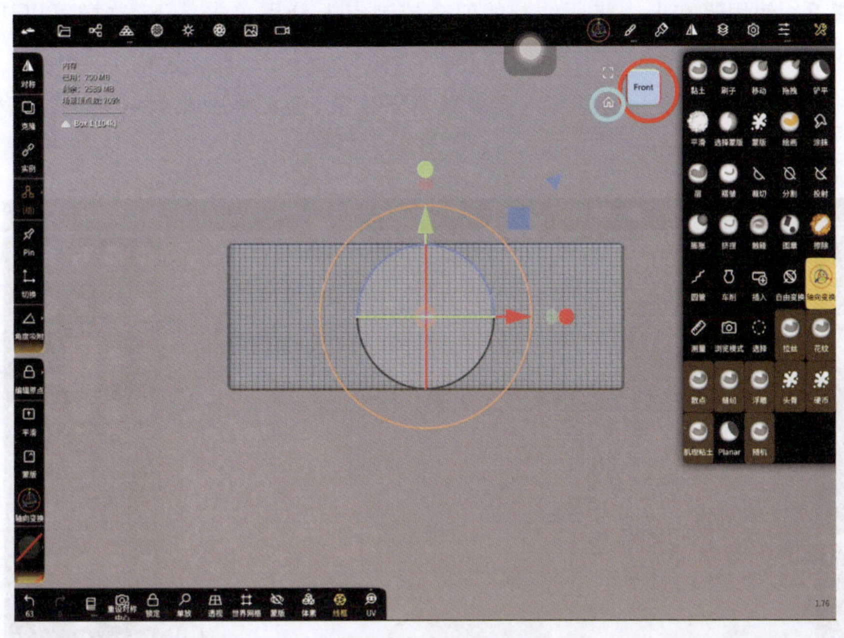

图 4-6 摆正立方体

步骤 7 点击裁切笔刷，选择【多边形】模式，在立方体右侧绘制如图 4-7 所示的四个控制点。

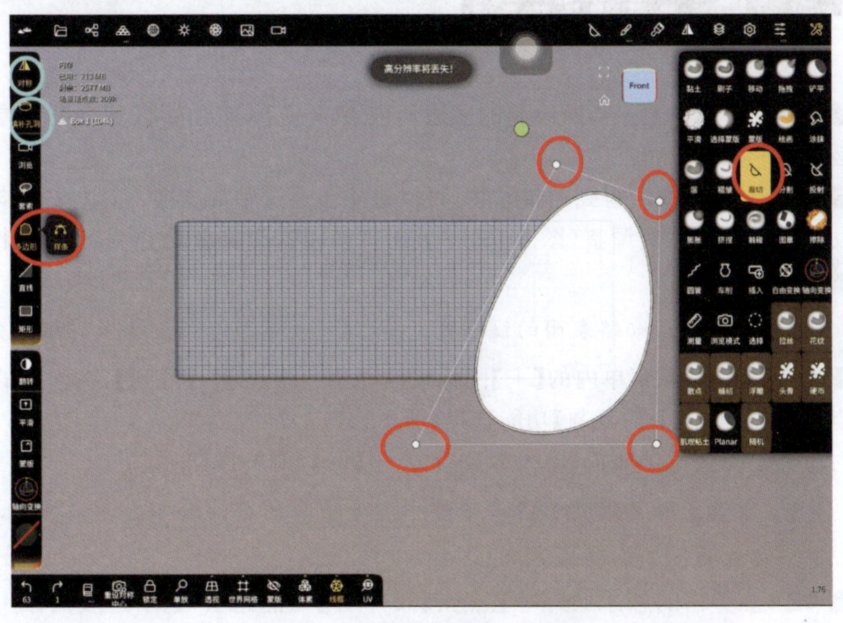

图 4-7 在立方体右侧绘制控制点

注意 这一步骤中应确保界面左栏的【对称】和【填补孔洞】快捷按钮处于开启状态。绘制时，若点击所生成的弧线，可以增加控制点；若用笔拖住一个控制点合并到另一个控制点上，可以消除一个控制点。但要注意的是，在【多边形】—【样条】模式下，若图形围成封闭状态，则至少要有三个控制点才能进行正常运算。

步骤 8 使用笔在上一步所绘制的四个控制点上分别单击一下，这样可以让控制点间的曲线变成直线(图 4-8)。

注意 用笔单击控制点可以实现锐角点效果，再次单击此控制点，可以取消锐角点，恢复之前的弧线效果。

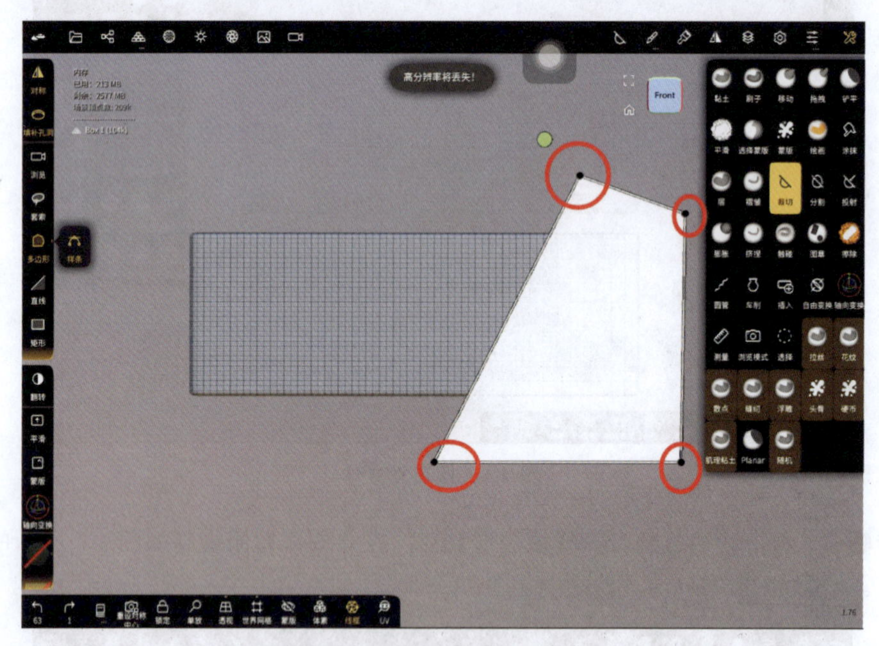

图 4-8 将圆弧曲线变成直线连接拐角

步骤 9 使用笔在上一步所绘制的多边形内点击一下，多边形区域会变成绿色并进行裁切运算(图 4-9)。

步骤 10 对于裁切后得到的锥状物，可以进一步通过轴向变换工具左右方向的单方向缩放功能进行宽窄比例调整(图 4-10)。后面将使用这个锥状物作为剪切物来制作奶酪表面的纹理。

注意 如果想让奶酪表面的纹理宽一些，这一步的剪切物就要做得相对宽一些。

步骤 11 点击场景菜单内的【+】图标，选择【Repeaters】—【阵列】，在弹出的悬浮工具列上点击【*X* 轴方向上的复制】功能选项(图 4-11)。

此时会弹出参数设定面板，输入参数后，点击【好】(图 4-12)。

注意 剪切物的复制数量宜多不宜少。多出来的剪切物不会参与布尔运算，后期也可以随时使用裁切笔刷将其去掉。

步骤 12 在弹出的悬浮工具列上点击【尺寸 *X*】功能选项，这个选项的作用是确定

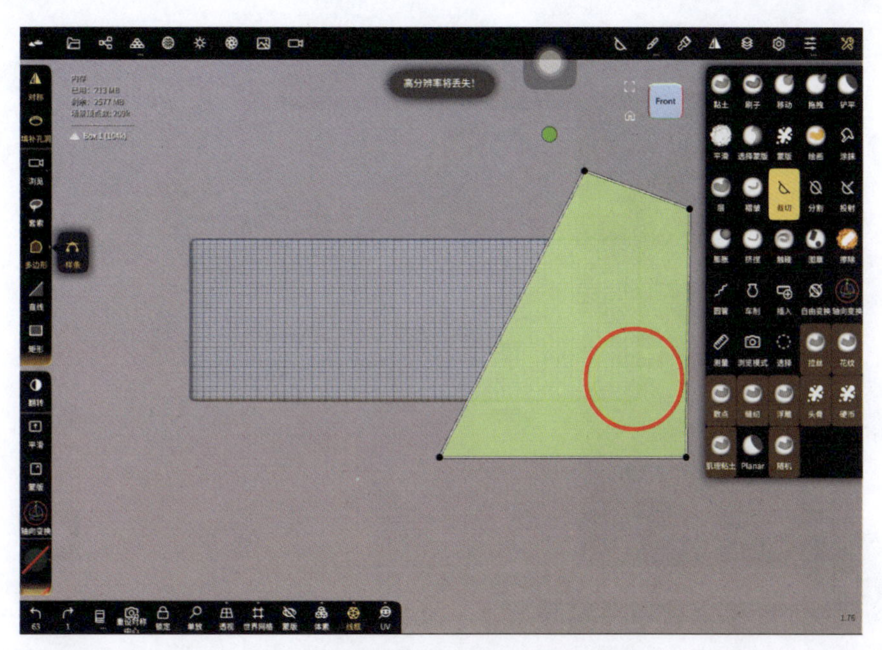

图 4-9 对多边形区域进行裁切运算

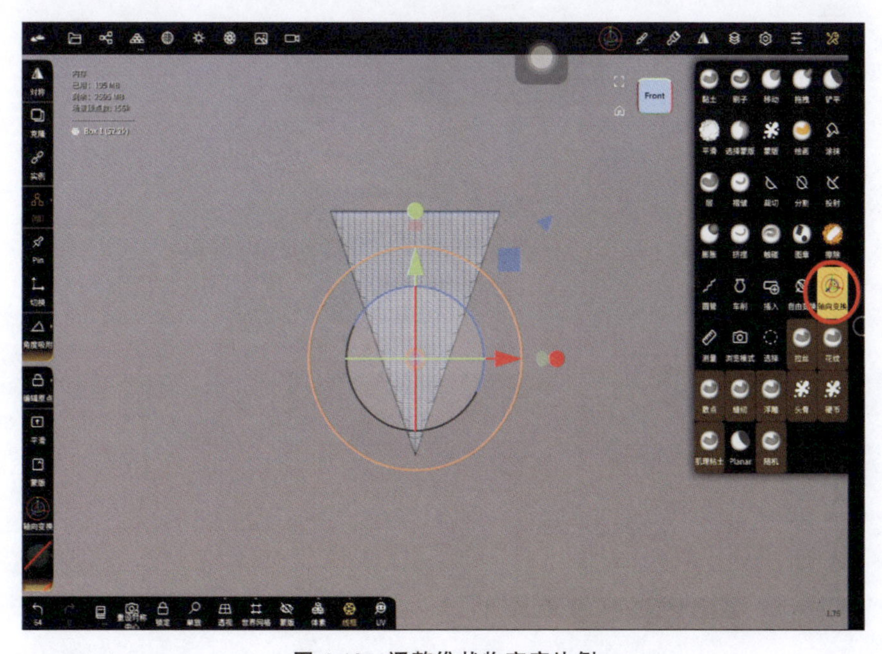

图 4-10 调整锥状物宽窄比例

每个剪切物之间的间距，可以根据自己的设计需要多尝试几个不同的参数，根据效果来调整确定(图 4-13)。

步骤 13 完成阵列相关操作后，可以使用轴向变换功能直接调整任一剪切物的位置，由于受【阵列】—【实例】功能选项的影响，改变剪切物中的任何一个，通过阵列得到的

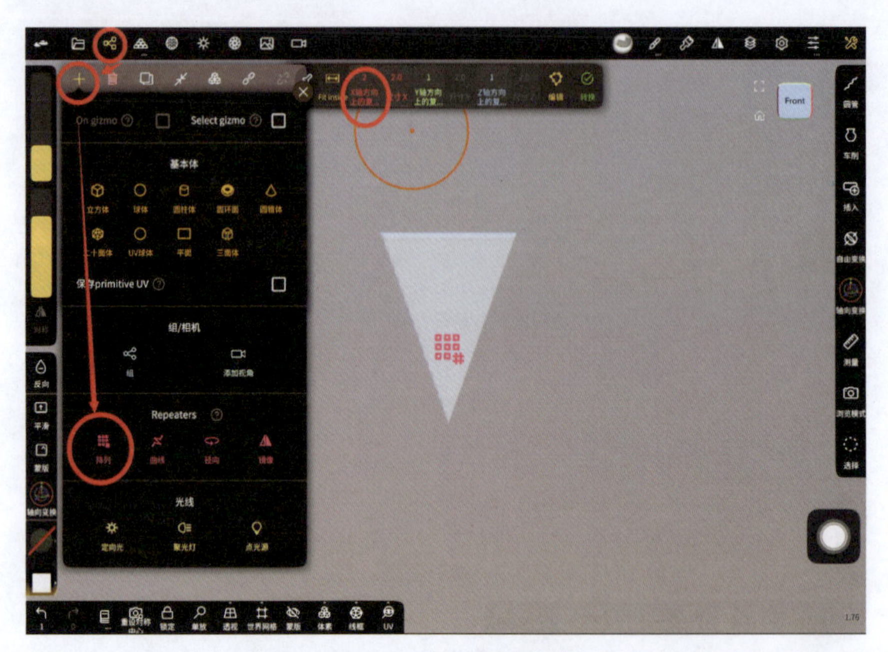

图 4-11　选择阵列功能

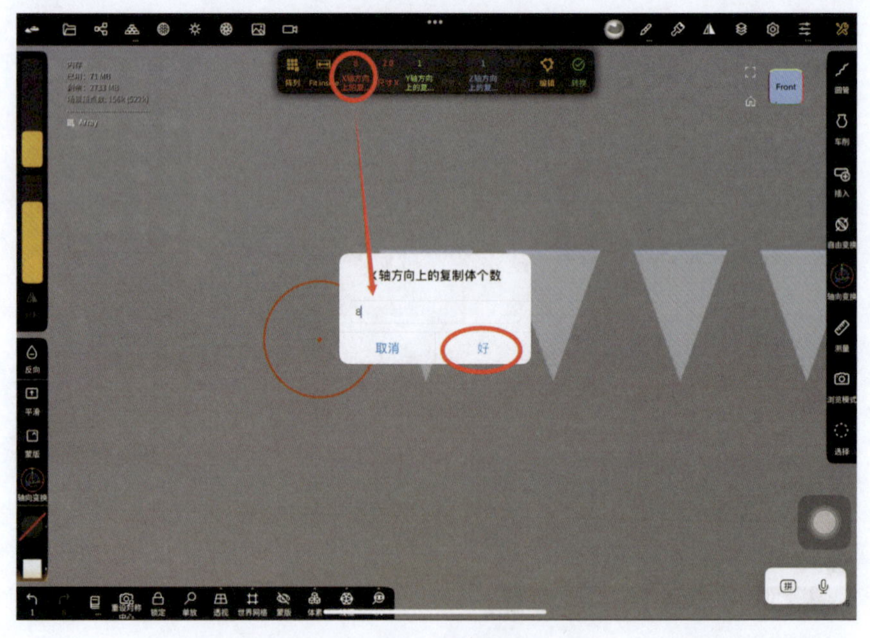

图 4-12　设定参数

其他复制体都会随之一起改变。最终在弹出的悬浮工具列上点击【转换】按钮，将阵列的结果烘焙，烘焙后也可以使用轴向变换功能继续调整全体剪切物的相对位置(图 4-14)。

注意 剪切物的位置一定要高于奶酪立方体的表面。还要使用轴向变换工具的单方向缩放功能将剪切物尽量拉伸，使其在侧视图方向的长度大于立方体边长，否则不

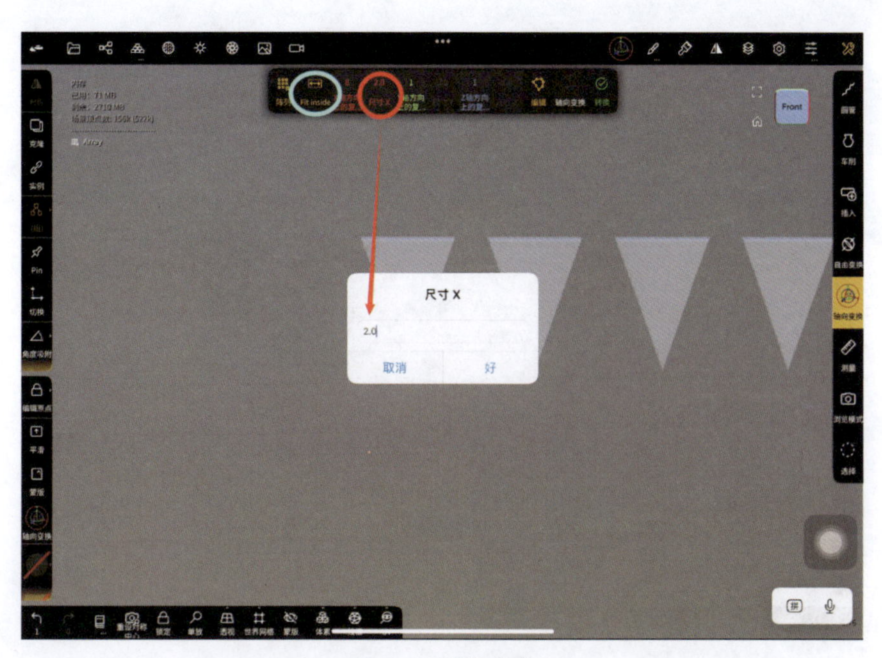

图 4-13 调整参数

能对奶酪立方体的整个表面进行布尔运算，也就无法得到完整的纹理。

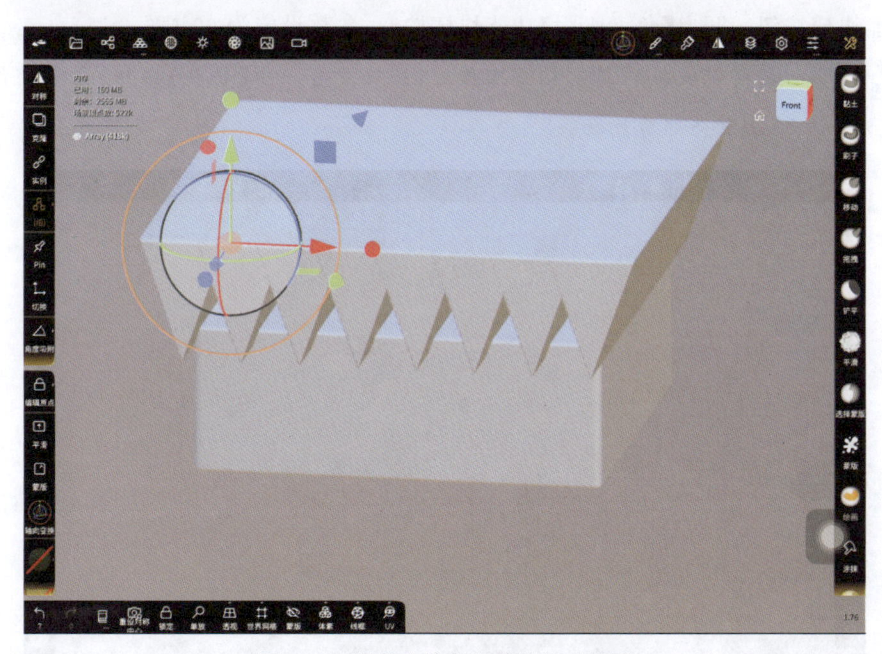

图 4-14 调整全体剪切物的相对位置

步骤 14 选择界面左栏轴向变换功能后，用笔点击立方体实现选中效果，然后开启界面左栏【Pin】功能快捷按钮。开启这个功能后，可以以当前选中物体的几何中心为轴向变换功能操作轴的位置中心（图 4-15）。

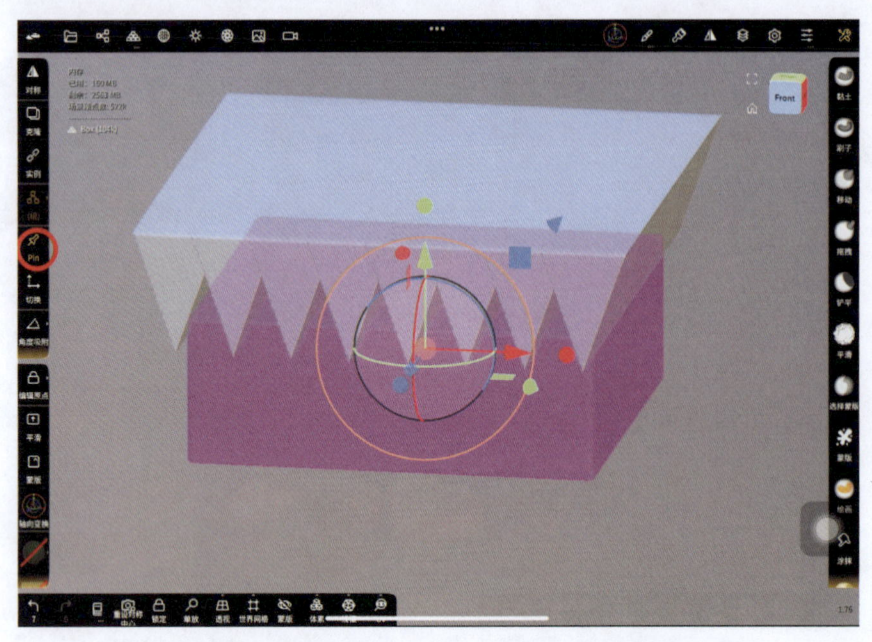

图 4-15　以立方体的几何中心为轴向变换功能操作轴的位置中心

步骤 15　保持轴向变换功能处于选中状态，用笔点击剪切物，开启界面左栏的【克隆】功能快捷按钮。开启【角度吸附】功能快捷按钮，参数设定为 90°（图 4-16）。

注意　之前完成阵列复制相关操作后，如果没有点击【转换】按钮，这步操作就有可能无法一次性选中全部剪切物。

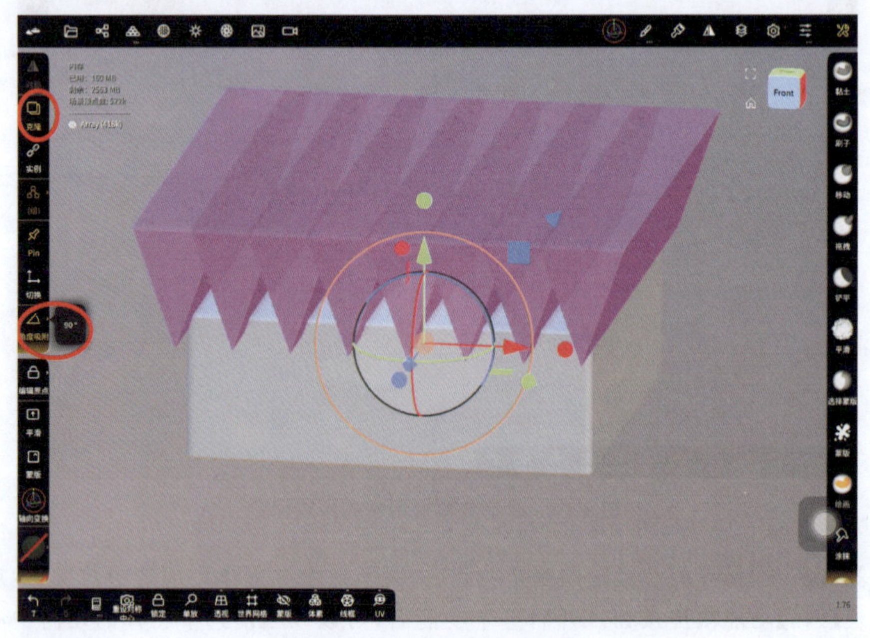

图 4-16　设置角度吸附参数

步骤 16 用笔拖动轴向变换功能操作轴上的绿色圆弧，进行顶视图方向的水平旋转，这样可以得到一份和之前原始剪切物为 90°旋转关系的复制剪切物。

注意 因为之前开启了角度吸附功能，所以这里只能进行 90°的旋转。在操作过程中如果旋转的幅度不够大，操作就会没有反应。此外，如果之前步骤没有开启 Pin 功能，会导致轴向变换功能的操作轴中心有所偏差，从而使克隆得到的物体旋转后位置不正。

为了方便观察，也可以点击界面底栏的【透视】和【线框】功能按钮(图 4-17)。

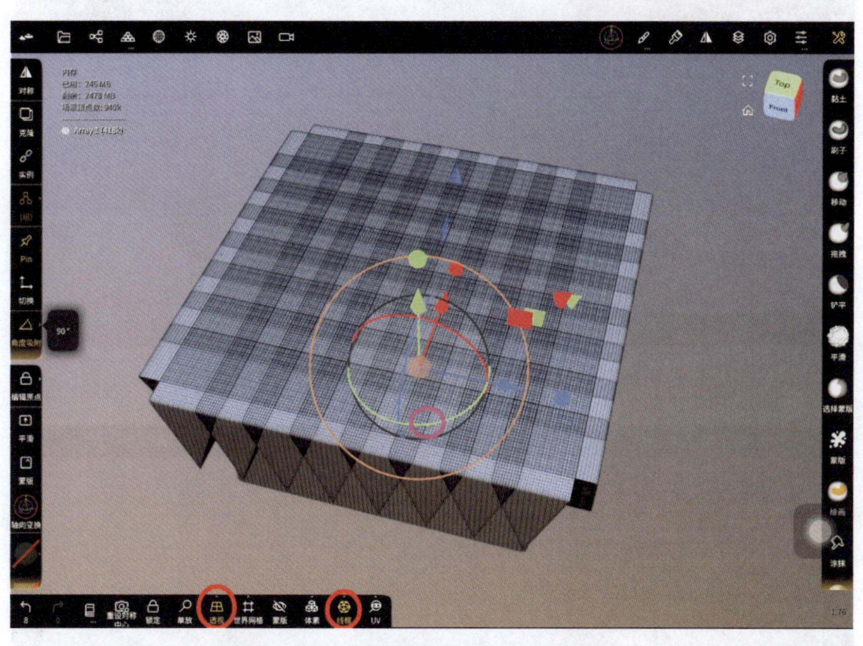

图 4-17 进行顶视图方向的水平旋转

步骤 17 在通过体素合并功能实现布尔运算操作前，要先对体素网格重构功能中的分辨率参数进行设定。分辨率越高，经过布尔运算后物体的细节效果越细腻。但是要注意，分辨率也不能过高，否则会导致运算量过大，设备内存不够，无法进行正常运算(图 4-18)。

注意 一定要勾选【保留硬边】功能选项。这样完成布尔运算差集操作后，物体边缘的转折处会保持锋利硬朗的效果。

步骤 18 打开场景菜单，勾选立方体和两组剪切物所在的场景图层，将剪切物所在场景图层的小眼睛图标关闭(图 4-19)，然后点击场景菜单的【体素合并】图标(图 4-20)。

注意 步骤 17 所进行的操作也可以在这里继续进行调整。

完整且带有表面纹理的奶酪效果如图 4-21 所示。

步骤 19 选择笔刷工具箱中的裁切笔刷，并依次点击界面左侧【填补孔洞】功能快捷按钮和【套索】功能按钮。在屏幕上滑动手指，将奶酪旋转到合适的视角后用笔在屏幕上绘制如图 4-22 所示的形状。完成绘制后松开笔，裁切笔刷会完成修剪运算。这一步是为了制作牙齿咬过甜品后的齿痕效果。

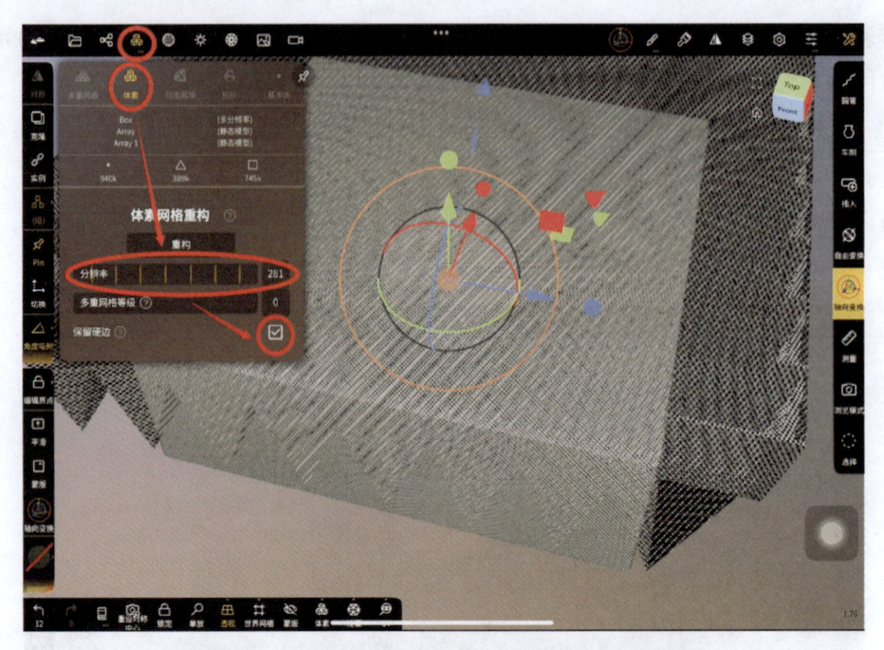

图 4-18　设定【体素网格重构】功能的【分辨率】参数

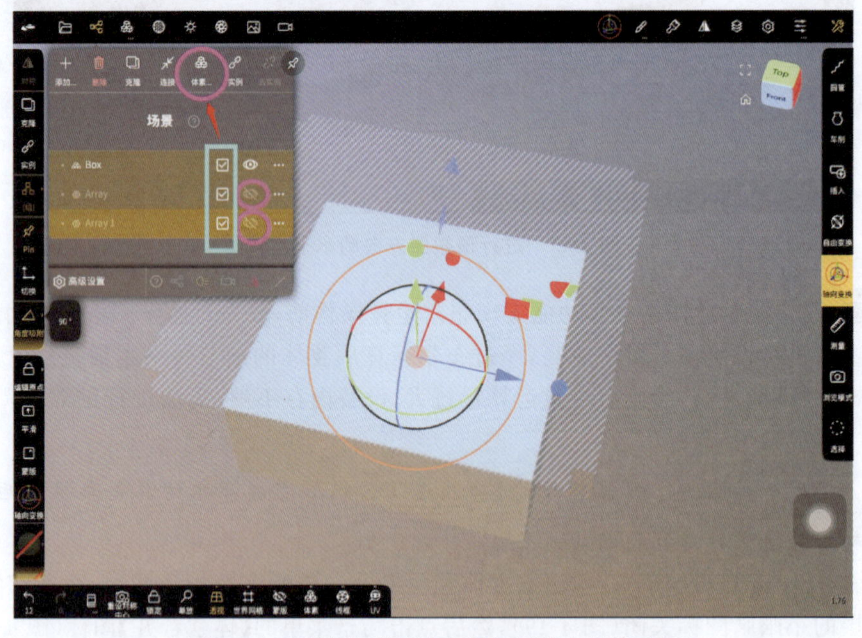

图 4-19　关闭剪切物所在场景图层的小眼睛图标

步骤 20　继续对奶酪的视角进行调整，将其转到如图 4-23 所示的角度后，使用裁切笔刷进一步修剪调整（图 4-23）。

注意　为了保证模型的平整和美观，进行裁切操作时，应尽可能一步到位，如果得到的效果不够理想，可以用两根手指同时点击屏幕撤销操作，重新进行裁切笔刷的相关绘制操作。

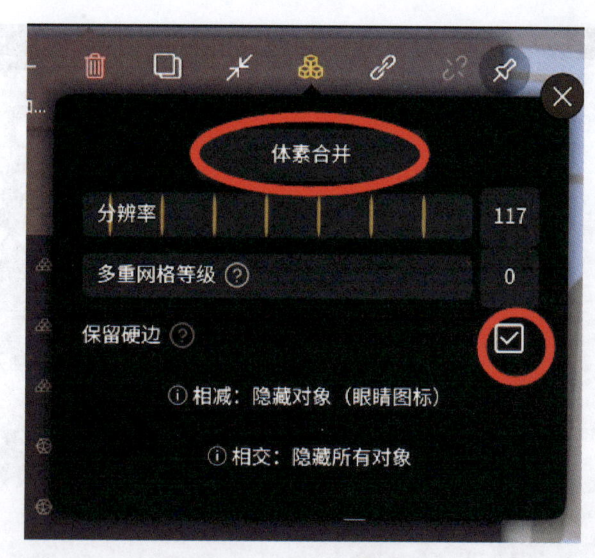

图 4-20　进行布尔运算

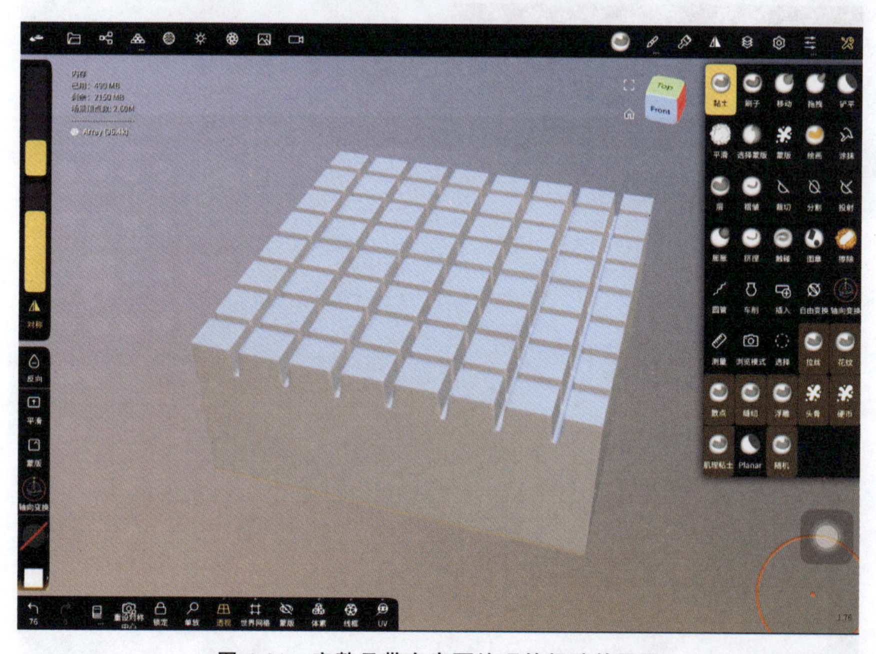

图 4-21　完整且带有表面纹理的奶酪效果图

步骤 21　使用笔刷工具箱中的平滑笔刷对奶酪被咬过的位置进行平滑处理(图 4-24)。

注意 如果平滑笔刷的效果不够明显，原因可能是当前模型的面数比较多。可以将体素重构功能的分辨率适当降低后重新进行体素重构。

步骤 22　打开笔刷工具箱中的车削笔刷，点击界面左侧工具栏【曲线】功能按钮，在画面中绘制樱桃主体的横截面曲线形态，完成后点击界面顶部车削笔刷悬浮工具栏的【转换】按钮(图 4-25)。接下来可以使用圆管笔刷制作樱桃果柄，通过调整两端的半径可以实现果柄的粗细变化。

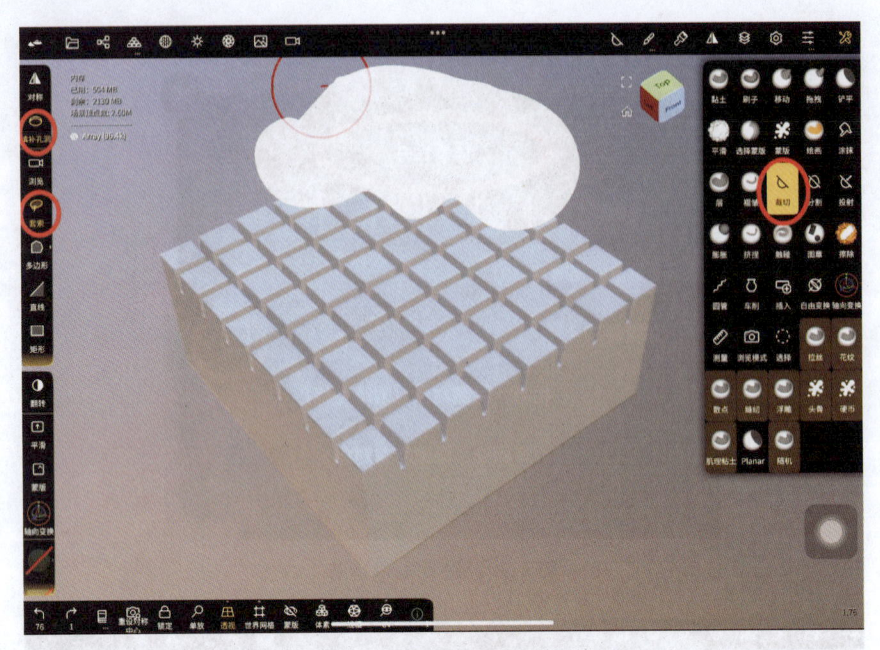

图 4-22　制作牙齿咬过奶酪后的齿痕效果

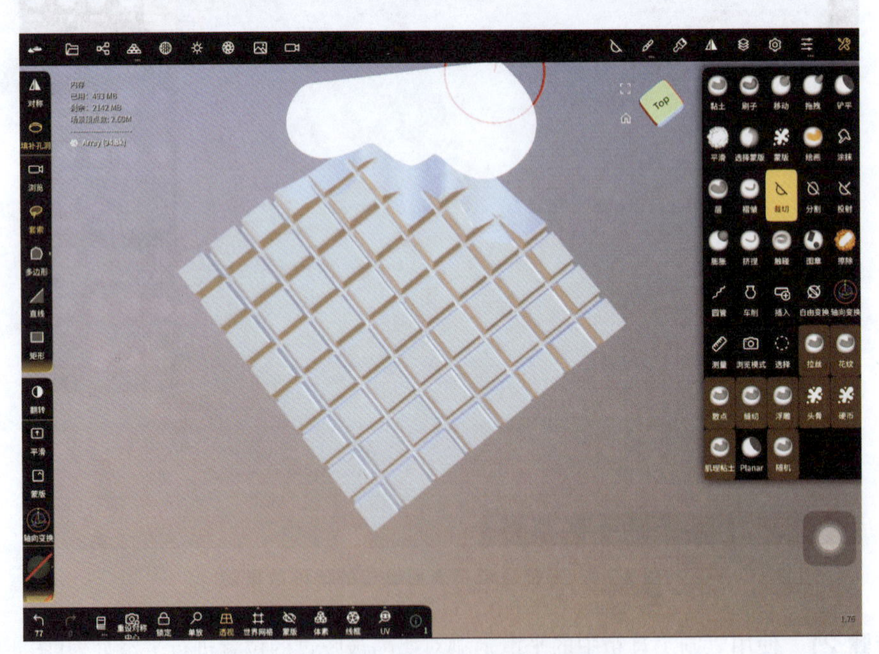

图 4-23　对奶酪形状进行修剪调整

步骤 23　使用绘画笔刷赋予樱桃主体和果柄材质后，在场景图层面板将樱桃主体和果柄所在场景图层同时选中，然后使用轴向变换功能对樱桃的位置进行调整（图 4-26）。

步骤 24　单独选择樱桃主体，打开【材料】面板，选择【折射】模式，并且设置吸收效果相关参数，这样可以使樱桃变成透明的效果。折射率、反射率等相关参数可以根据美

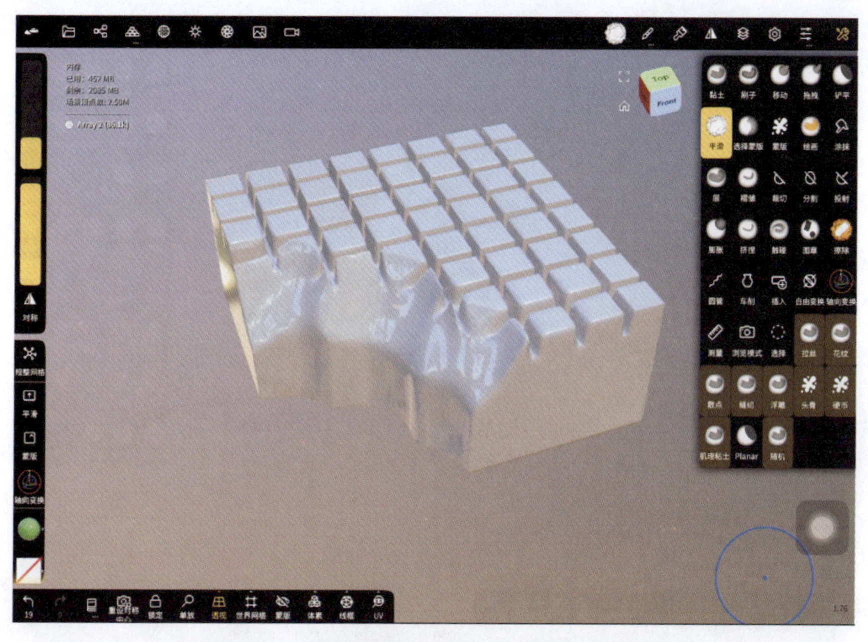

图 4-24 对奶酪被咬过的位置进行平滑处理

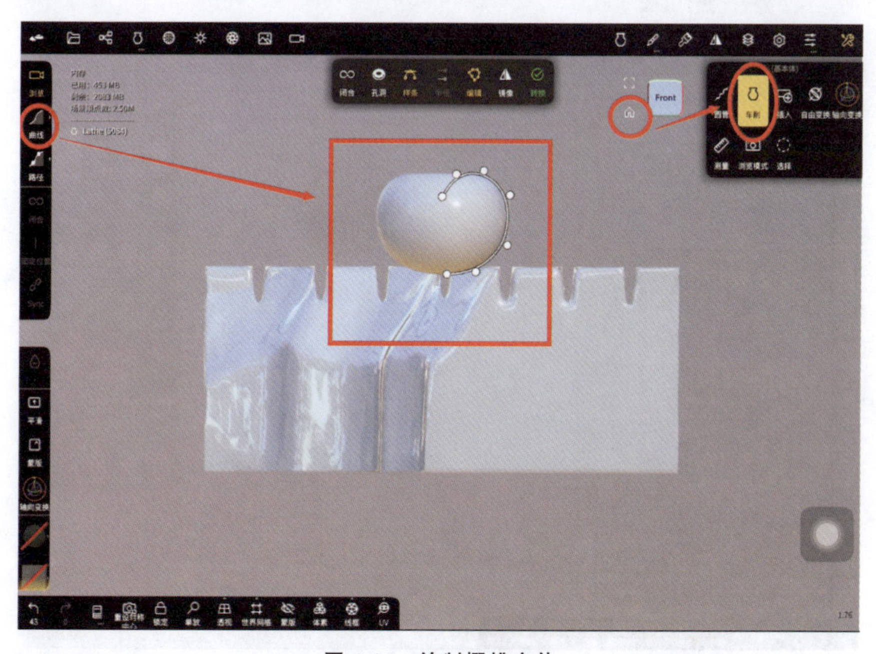

图 4-25 绘制樱桃主体

观需要灵活调整(图 4-27)。

步骤 25 使用绘画笔刷赋予奶酪模型材质,将金属度调整为 0(图 4-28)。如果想做出奶酪的质感,也可以适当设置粗糙度参数。

步骤 26 单独选中奶酪模型后,打开【材料】面板,选择【次表面】模式,勾选【半透明】选项(图 4-29)。

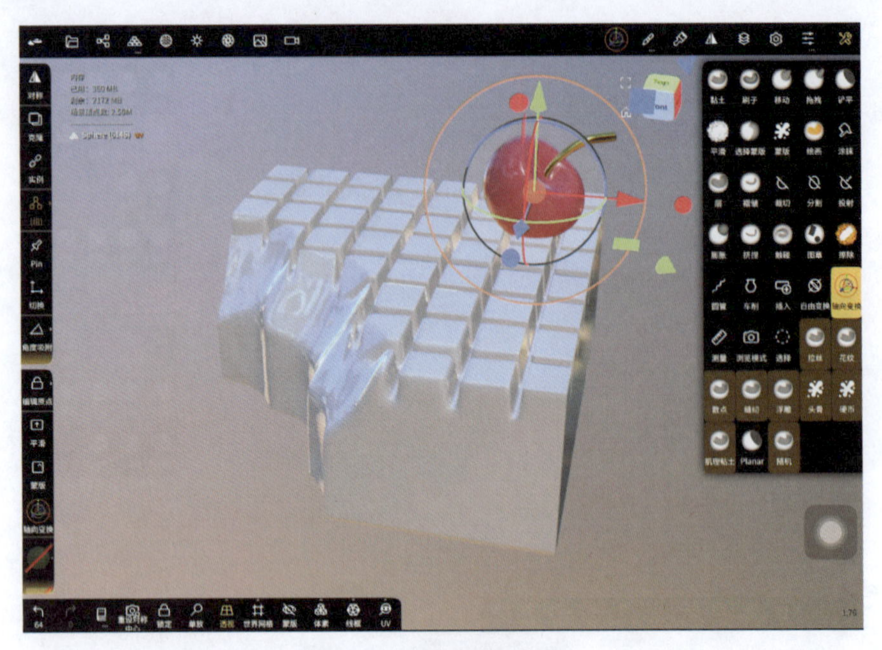

图 4-26 调整樱桃的位置

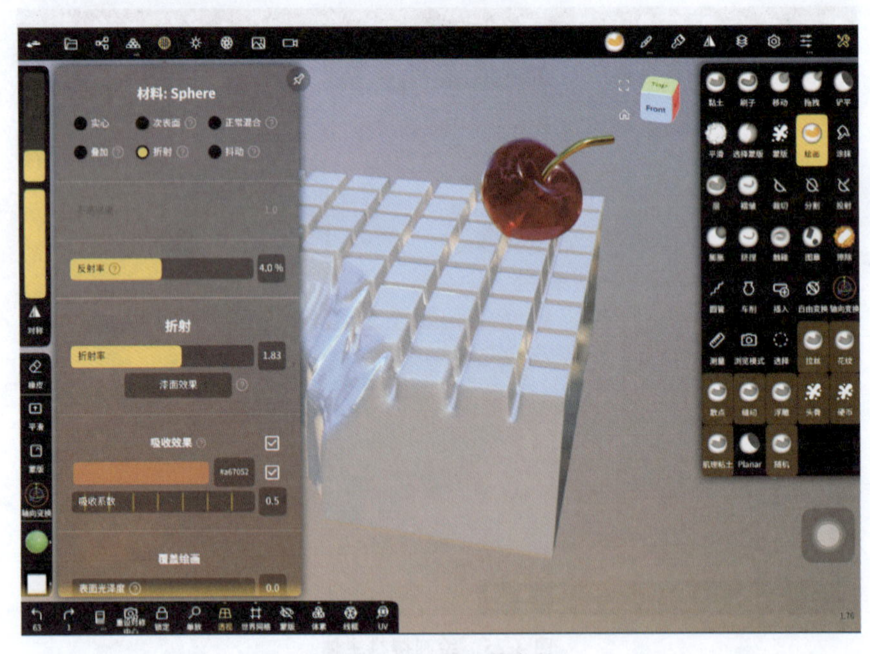

图 4-27 灵活调整参数

注意 次表面模式常用于半透明材质或胶质物体。【材料】面板中【次表面】模式的相关设定用于调试物体的质感，使它在被光线穿过时呈现出半透明状态。此外，次表面模式一定要配合灯光才能呈现最终效果。在打光前，即便已经选择了次表面模式，物体也不会呈现半透明质感。

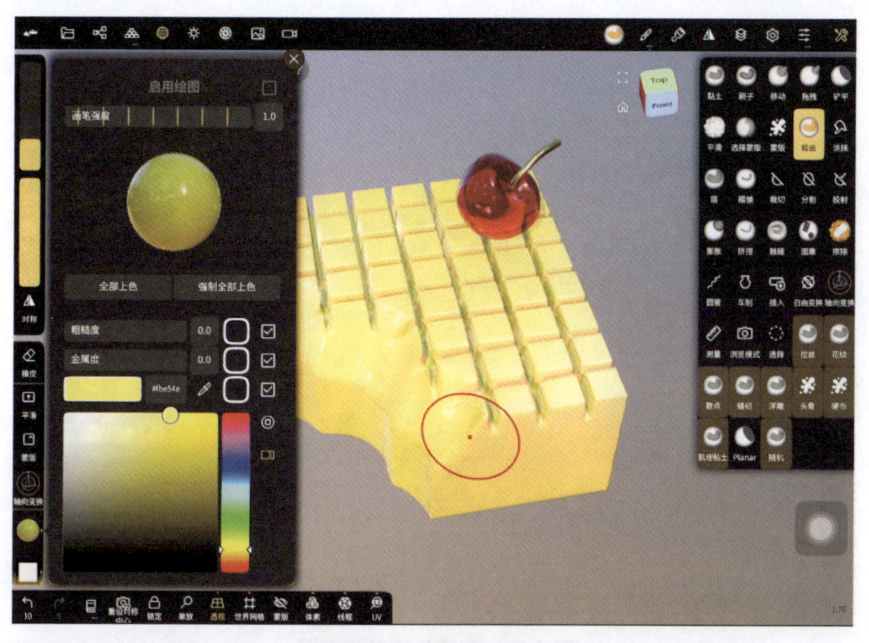

图 4-28　赋予奶酪材质

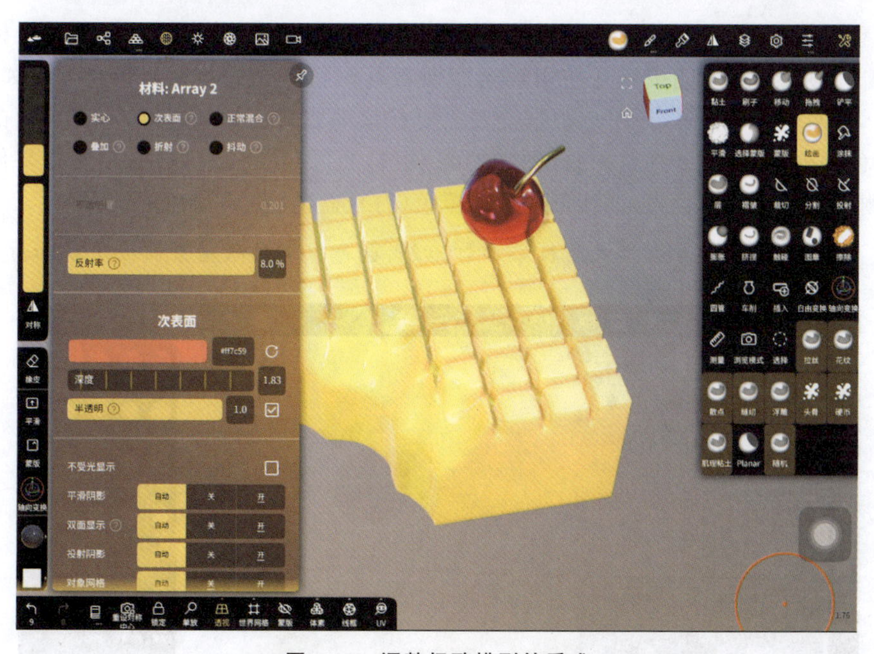

图 4-29　调整奶酪模型的质感

步骤 27　在场景图层面板通过添加【基本体】创建一个新的平面作为地面背景。选中笔刷工具箱中的裁切笔刷，关闭界面左侧工具栏【填补孔洞】功能按钮，开启【套索】功能按钮后，将平面的外轮廓裁切成如图 4-30 所示形状。

注意　在对单层面物体进行裁切操作前，一定要关闭填补孔洞功能。此外，对单层面物体一定不要使用体素重构功能，否则容易造成模型穿孔等运算问题。

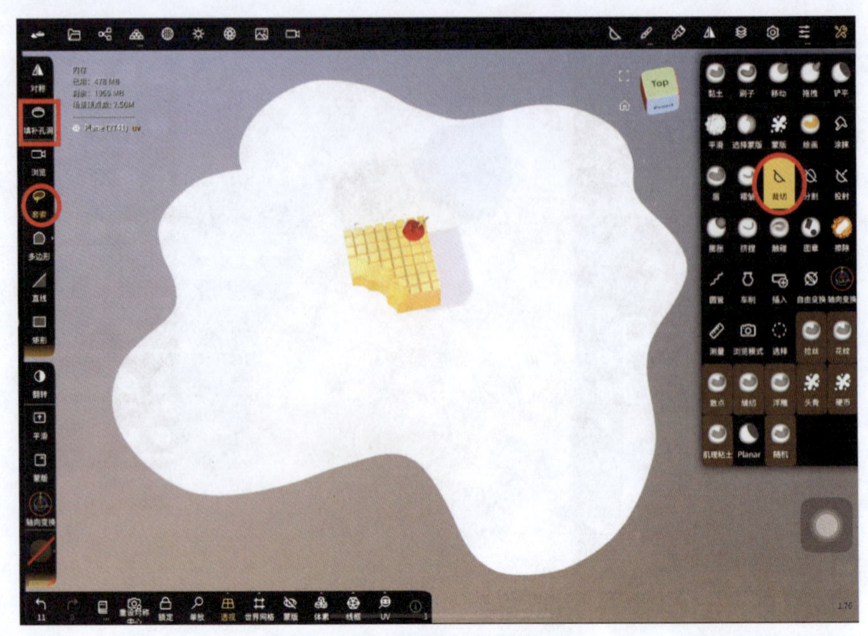

图 4-30　创建地面轮廓背景

步骤 28　对所有的模型都赋予相应材质以及设定好材质模式后，打开渲染模式面板，点击【添加灯光】功能按钮并使用轴向变换工具调整灯光的角度。打光方式如下：正面一盏灯，两侧各一盏灯，还可以根据美观需要在顶部或背面加一盏灯，应对侧面的灯光进行颜色调整，让画面更具氛围感（图 4-31）。根据光源色彩搭配原理，左侧如果使用冷光，右侧可以搭配使用暖光，如紫色（左）＋橙色（右）、蓝色（左）＋红色（右）等。

注意　除了从渲染模式面板添加灯光外，也可以直接从场景面板中添加灯光。

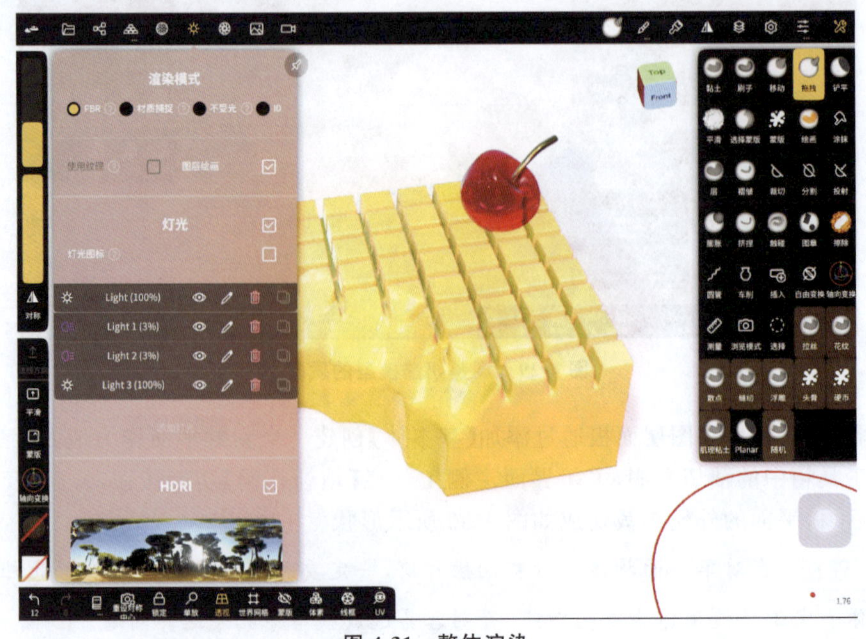

图 4-31　整体渲染

也可以尝试用其他材质达到不同的效果(图 4-32)。

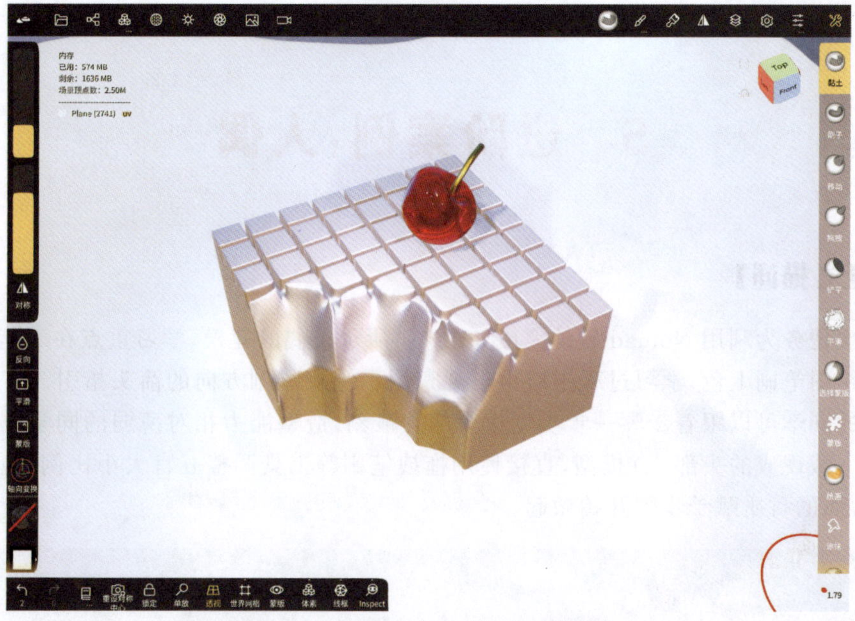

图 4-32 使用其他材质的成品效果图

【案例小结】

本案例除了涉及 Nomad 软件功能的学习，还涉及雕刻思路的延展。在 Nomad 中建模，除了直接通过笔刷雕刻外，还可以通过阵列等辅助功能来快速得到一些具有规律性的造型。将两者结合起来使用，可以实现更高的效率以及更美观的造型。此外，本章还学习了与渲染相关的重要操作，通过打光和材质参数的调整，能让模型展现出更加真实的视觉效果。

5　进阶案例:人偶

【任务描述】

本次任务为利用Nomad软件完成如图5-1所示人偶的建模,学习重点在于笔刷雕刻技法和绘图笔刷上色,学习过程中应重点观察图示笔触雕刻方向的箭头指引。有一定造型基础的同学可以跟着步骤一步步完成头部的雕刻,造型能力相对薄弱的同学也可以在网络上下载现成的头部3D模型,直接使用拖拽笔刷等工具调整五官大小比例、脸型等特征,从后面的材质赋予步骤开始做起。

图5-1　人偶效果图

【建模思路】

首先通过拖拽笔刷进行面部大形的制作,然后通过黏土笔刷去塑造体积,利用褶皱笔刷来修整细节,接着使用蒙版和抽壳功能制作头发这类片状结构。人偶面部的妆容是通过调整绘画笔刷的颜色和材质实现的,在绘制过程中要养成使用笔刷图层的习惯,这样在后续渲染阶段可以通过调整笔刷图层来灵活改变不同颜色的效果。

【步骤详解】

步骤 1 点击项目菜单中的【新建】按钮，创建新场景。选择笔刷工具箱中的拖拽笔刷，直接使用当前球体进行雕刻（图 5-2）。

注意 记得开启界面左栏【对称】功能快捷按钮。

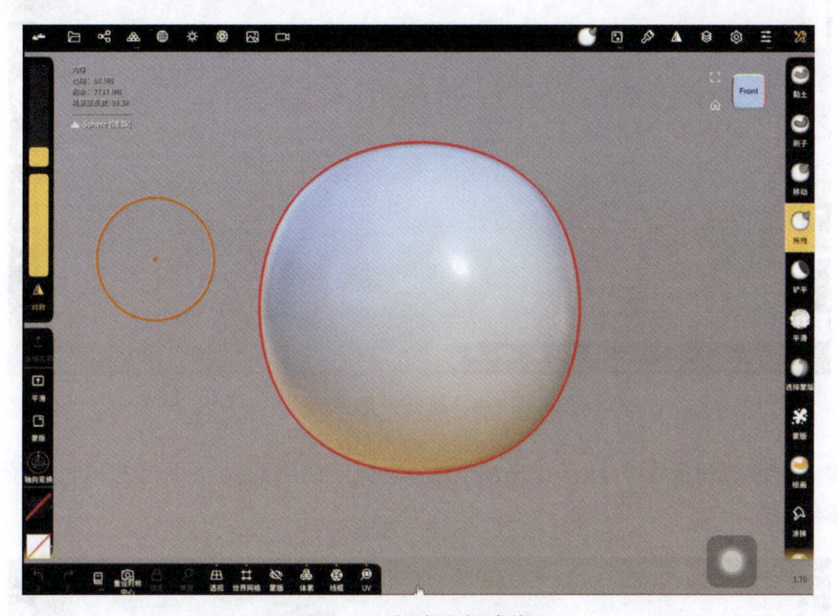

图 5-2 创建头部球体

步骤 2 在正视图中使用拖拽笔刷调整头型，先拖拽出下巴（图 5-3），然后继续用拖拽笔刷将头部两侧向内推动，完成头部的大形制作（图 5-4）。

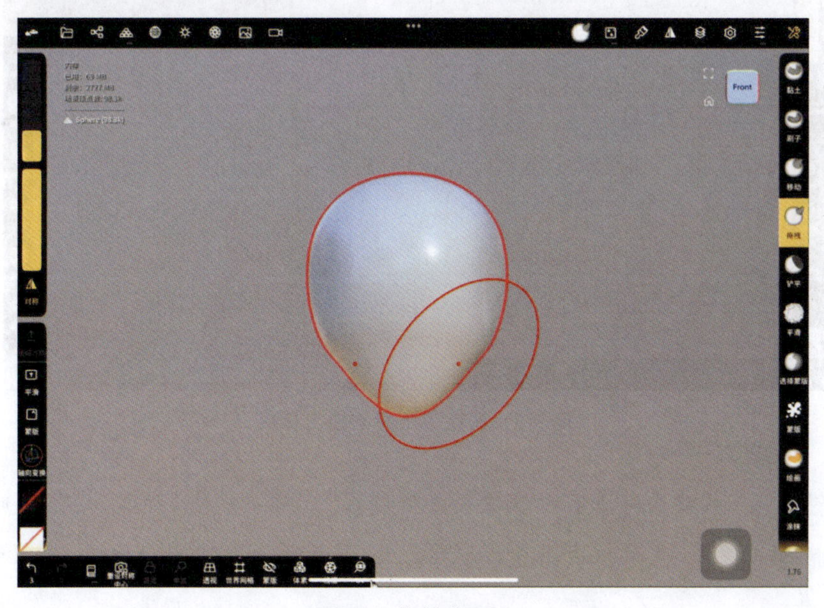

图 5-3 拖拽出下巴

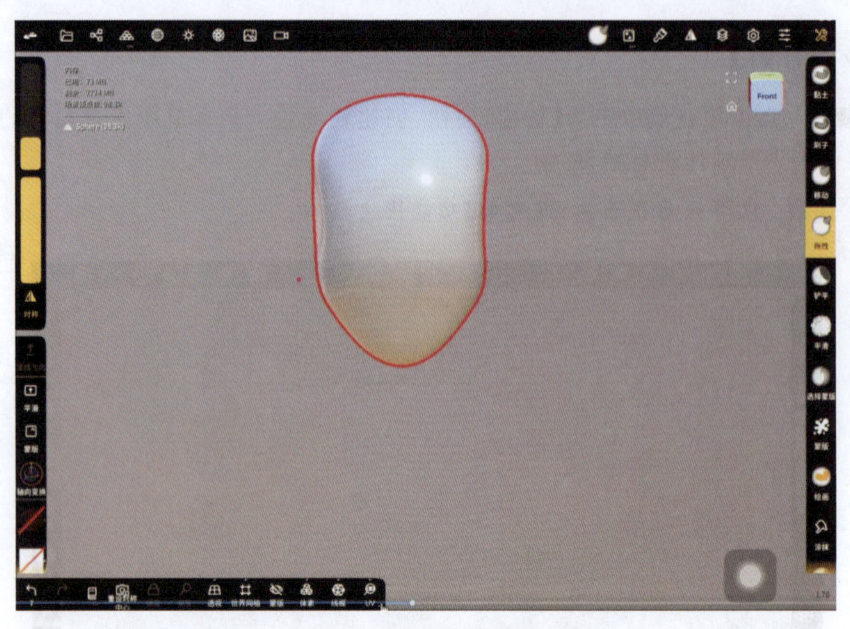

图 5-4　挤压头部两侧

步骤 3　将画面视图切换至右视图，使用拖拽笔刷继续调整下巴的位置和形态，然后拖拽出鼻尖（图 5-5）。

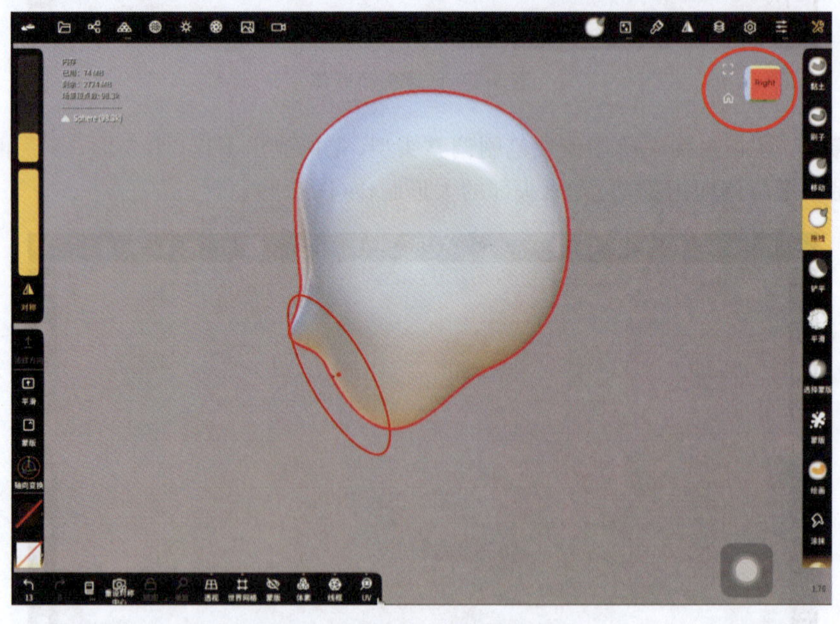

图 5-5　调整下巴并拖拽出鼻尖

注意　在构建面部五官时应遵循肖像绘画“三庭五眼”的造型比例，眼睛位置处于整个头部的 1/2 处，发际线至眉弓为上庭位置，眉弓至鼻底为中庭位置，鼻底至下巴底为下庭位置。

步骤 4 在正视图中使用拖拽笔刷沿左右方向向内拖拽，做出鼻梁(图 5-6)。

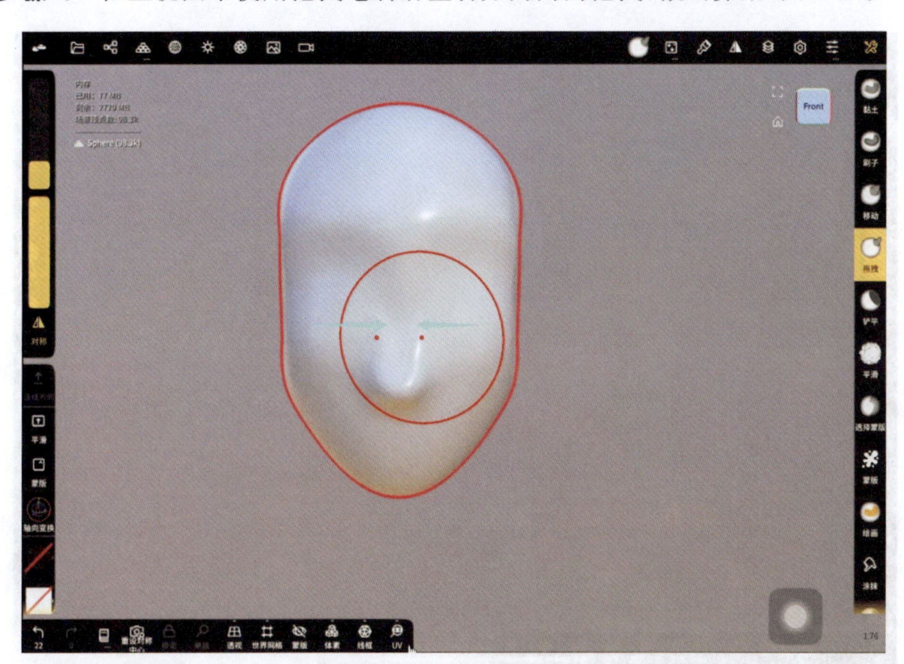

图 5-6 向内拖拽出鼻梁

步骤 5 在笔刷工具箱中选择黏土笔刷，开启笔刷设定面板，选择【Filter】子面板，勾选【只影响对象表面】功能选项(图 5-7)。

注意 这样可以有效避免在雕刻比较薄的物体结构时影响到背面。

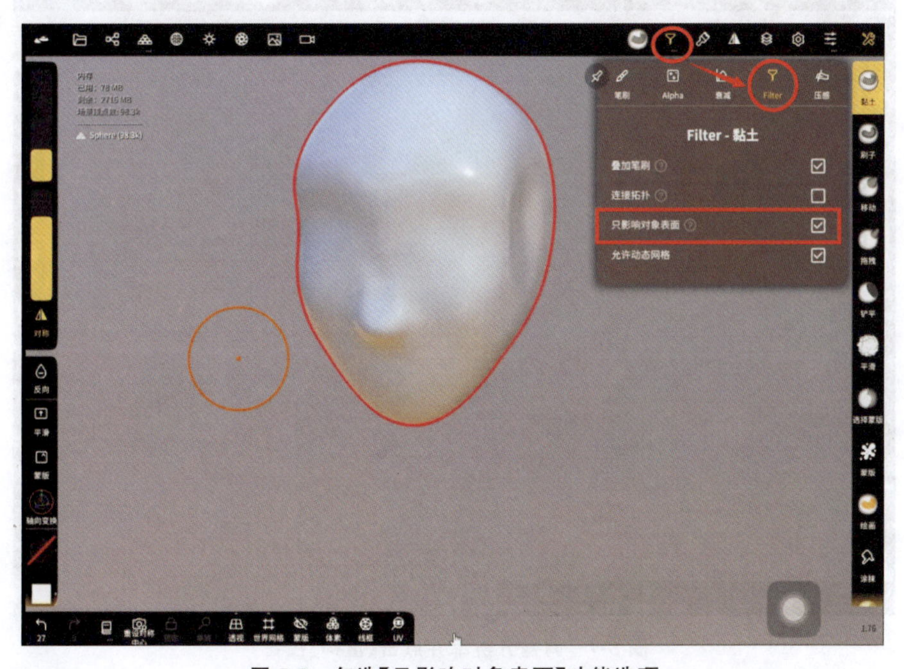

图 5-7 勾选【只影响对象表面】功能选项

完成笔刷设定后，就可以开始进行眼窝部位的雕刻(图 5-8)。

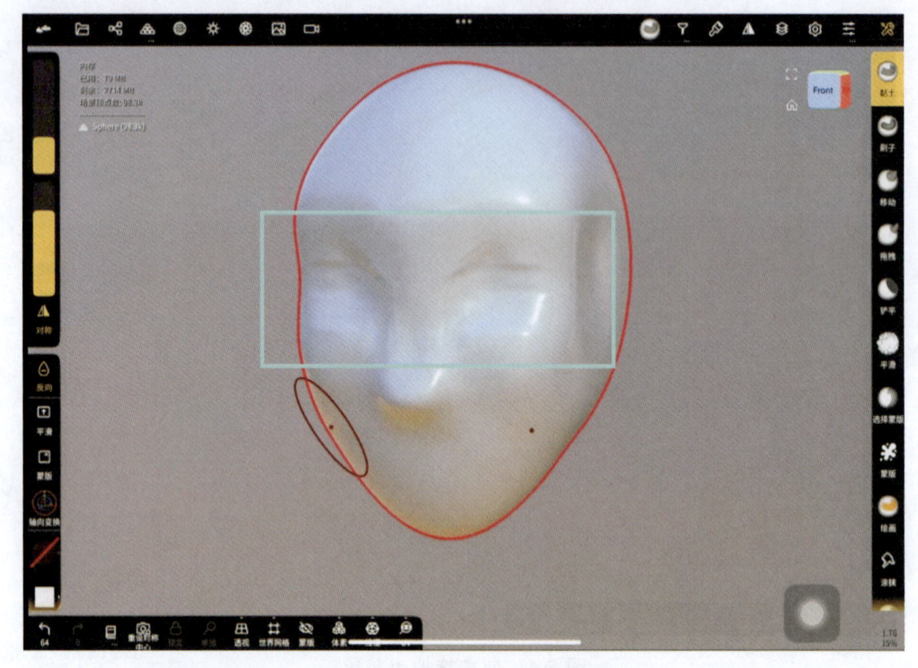

图 5-8　对眼窝部位进行雕刻

在雕刻过程中，如果发现细节过细或者过于粗糙，可以开启体素网格重构面板，重新设置分辨率参数后，点击【重构】按钮(图 5-9)。

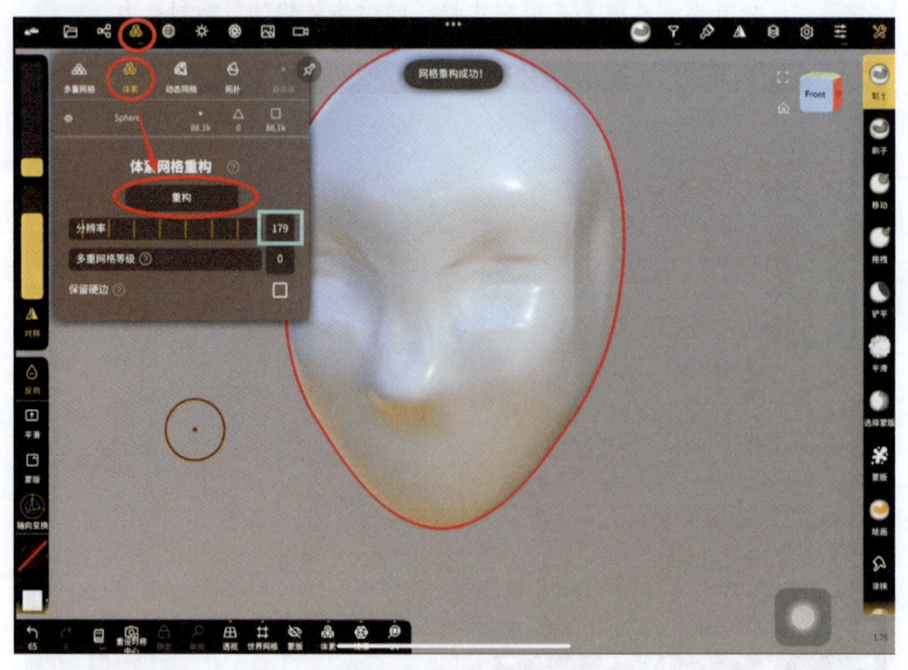

图 5-9　调整分辨率并点击【重构】按钮

体素重构操作完成后，物体网格密度如图 5-10 所示。

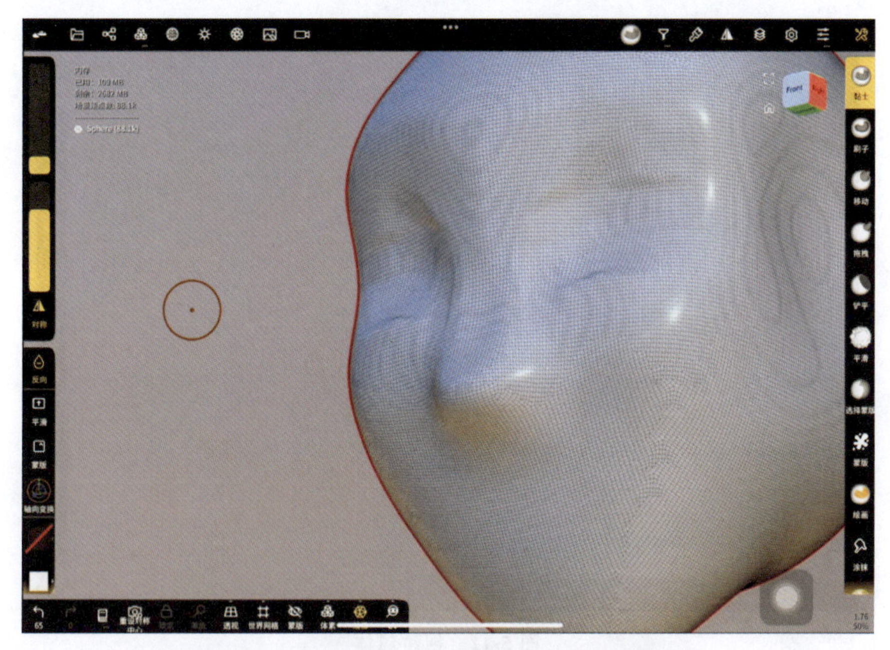

图 5-10　完成体素重构操作后的物体网格密度

步骤 6　使用黏土笔刷，开启界面左栏【反向】功能快捷按钮，对面颊三角区进行雕刻（图 5-11）。

注意　黏土笔刷的默认效果是在表面向上做加法雕刻，开启【反向】功能快捷按钮后，效果就是在表面向下做减法雕刻。

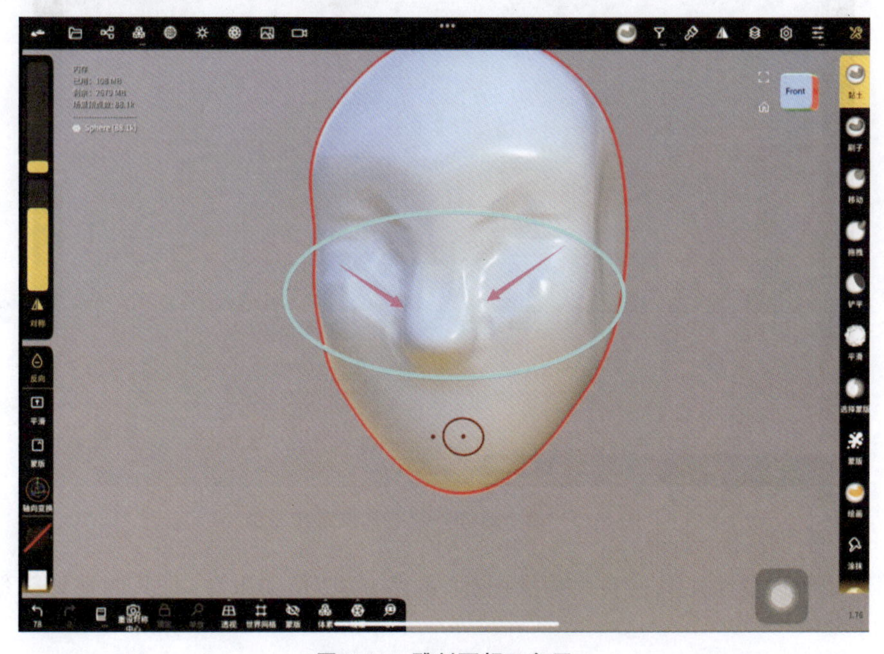

图 5-11　雕刻面颊三角区

步骤 7　开启顶栏场景菜单，创建球体，用于制作眼球（图 5-12）。

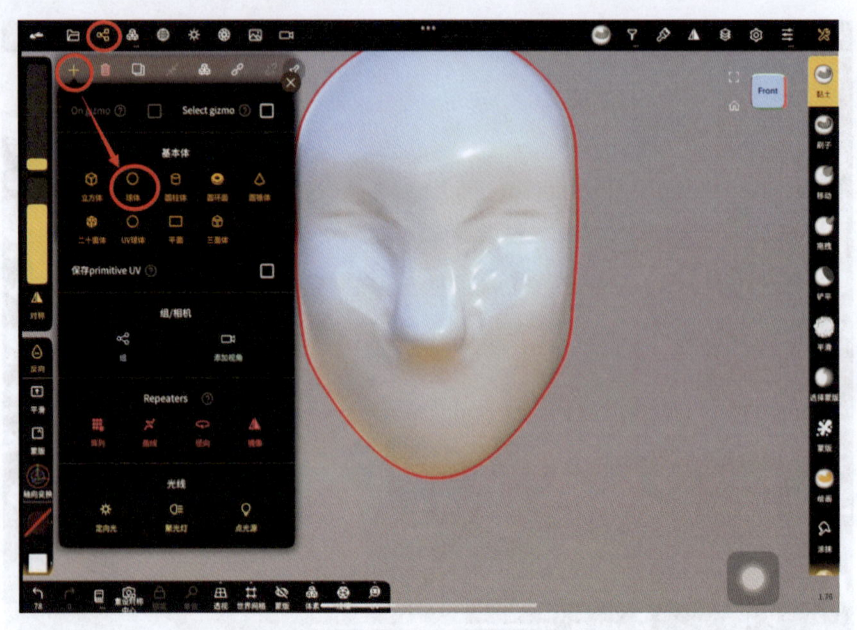

图 5-12　创建球体

使用轴向变换工具的橙色大圈将球体等比例缩小。在偏右视图方向可以使用轴向变换工具的左右方向移动箭头来调整眼球的位置和深度（图 5-13）。

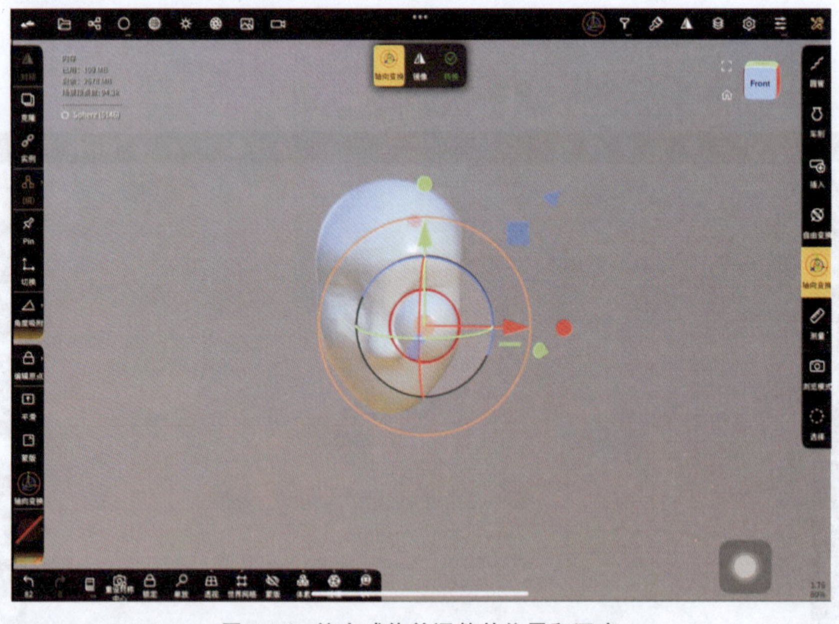

图 5-13　缩小球体并调整其位置和深度

然后用轴向变换工具的自由移动图标（黄色方块）拖动眼球，将其调整到头部右侧（图 5-14）。

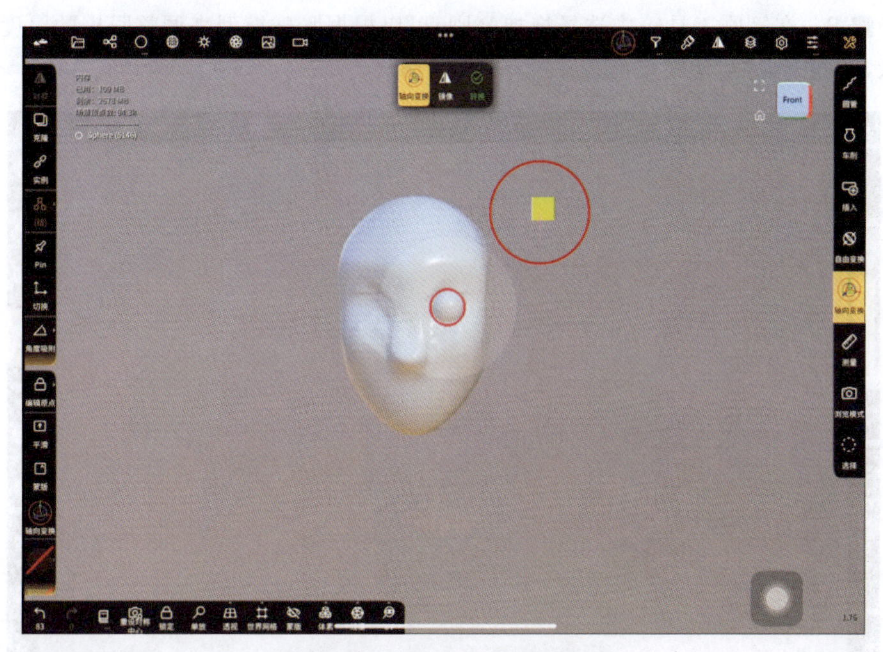

图 5-14　将眼球移动至头部右侧

开启对称面板的【世界对称】坐标模式，然后点击【从右至左】按钮，将球体进行左右复制。开启轴向变换工具的界面左栏【对称】功能快捷按钮后，进一步调整眼球位置（图5-15）。

注意 如果开启的是对称面板的【本体对称】坐标模式，点击【从右至左】按钮后，物体只会原地复制。

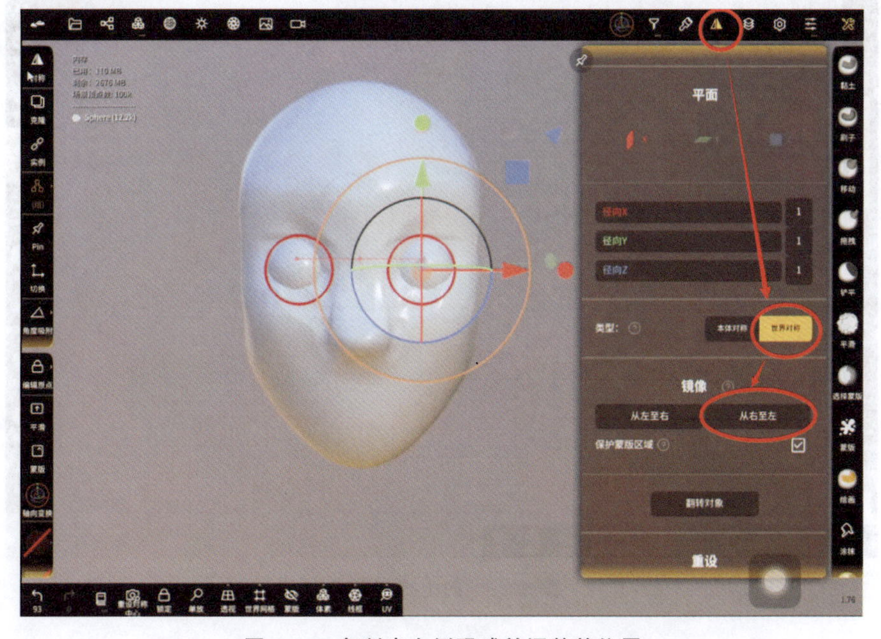

图 5-15　复制出左侧眼球并调整其位置

步骤 8 在笔刷工具箱中选择拖拽笔刷，可以根据眼球模型来调整眼皮的厚度、位置及形状，先向下拖拽，让眼皮能盖住眼球(图 5-16)。

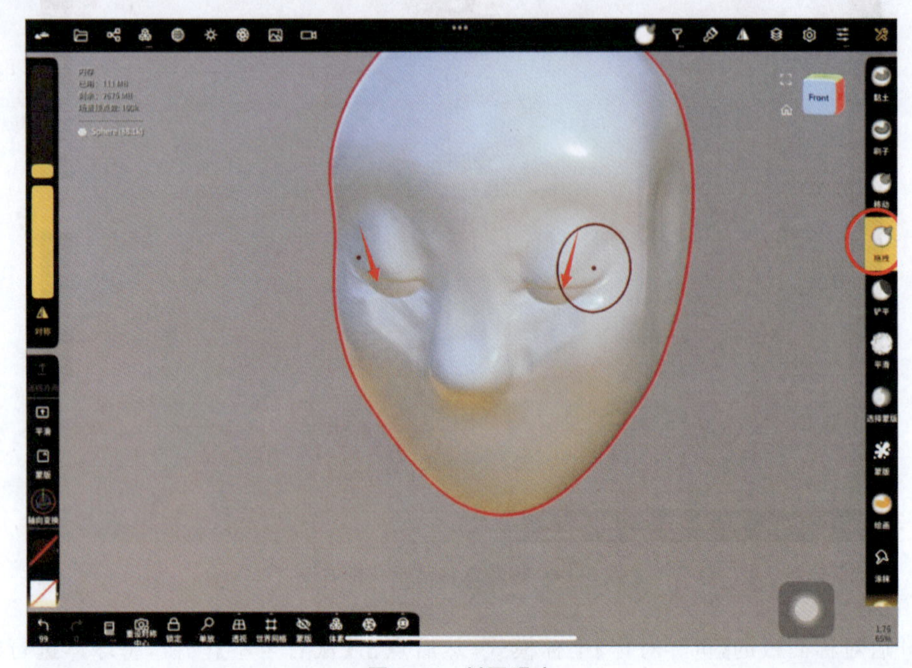

图 5-16 刻画眼皮

再将视图切换至偏右视图角度，使用拖拽笔刷将眼角末尾向上提拉(图 5-17)。

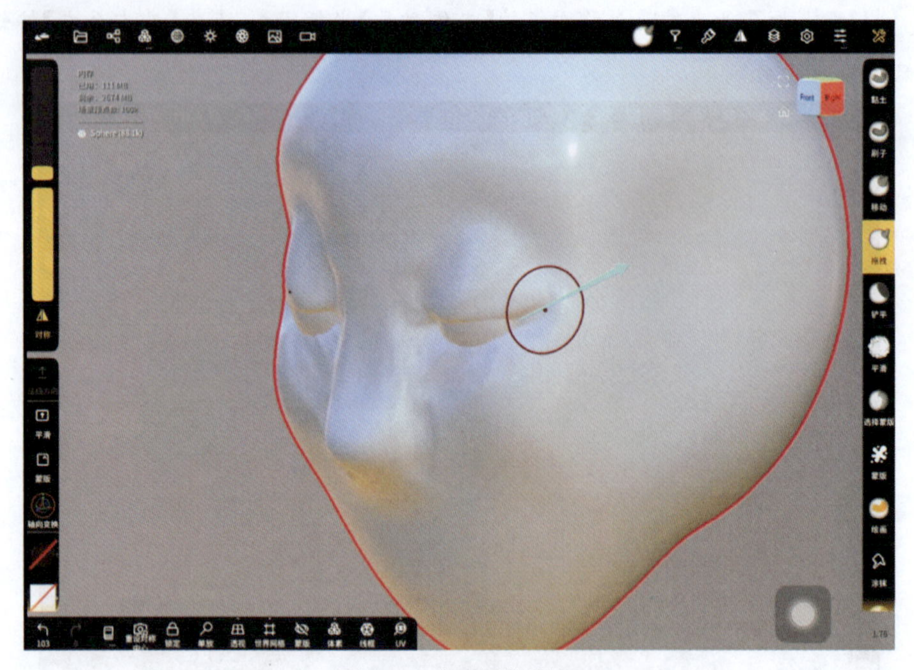

图 5-17 向上提拉眼角

接着，还可以用黏土笔刷和铲平笔刷对眼部进行进一步的雕刻修整。

步骤 9 现在开始使用黏土笔刷，开启界面左栏【反向】功能快捷按钮后，进行嘴缝定位，嘴缝处于下庭 1/2 偏上位置处(图 5-18)。

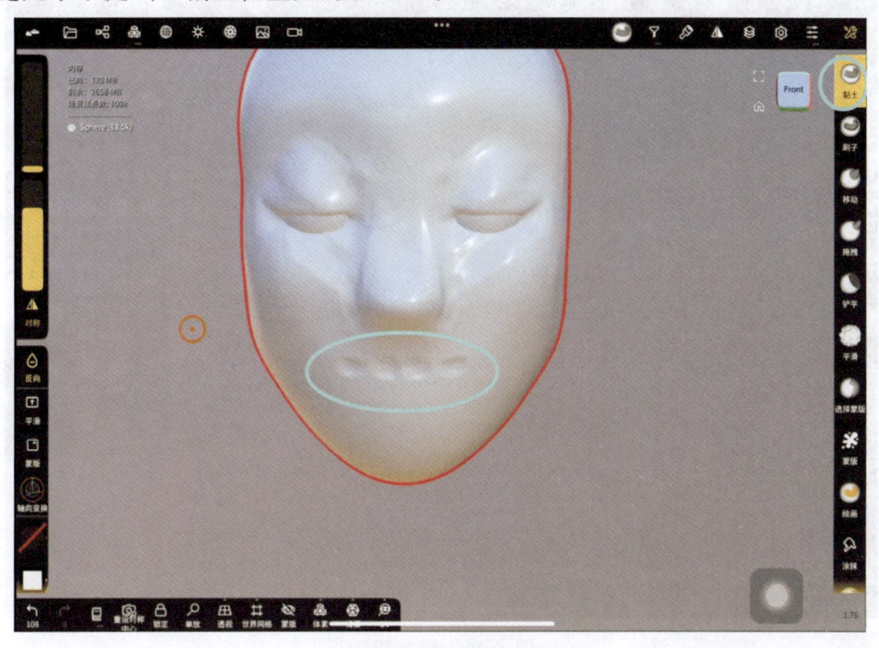

图 5-18 定位嘴缝

要想把嘴巴做得好看，须掌握上、下唇厚度比例，建议将下唇厚度设置为上唇的 1.5 倍，可以根据这个比例雕刻出上、下唇(图 5-19)。

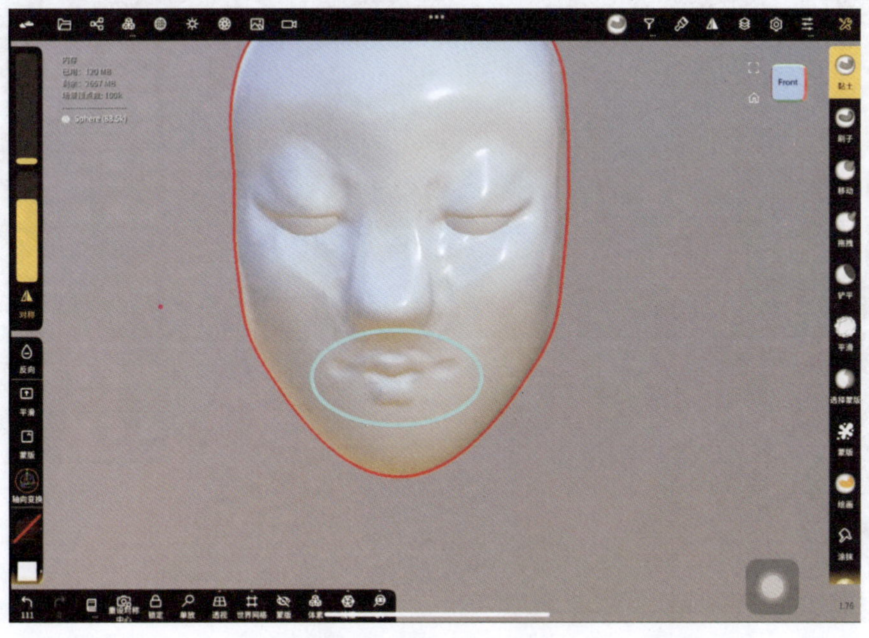

图 5-19 雕刻出上、下唇

步骤 10 使用黏土笔刷，开启界面左栏【反向】功能快捷按钮后，进行进一步的眼眶雕刻(图 5-20)。

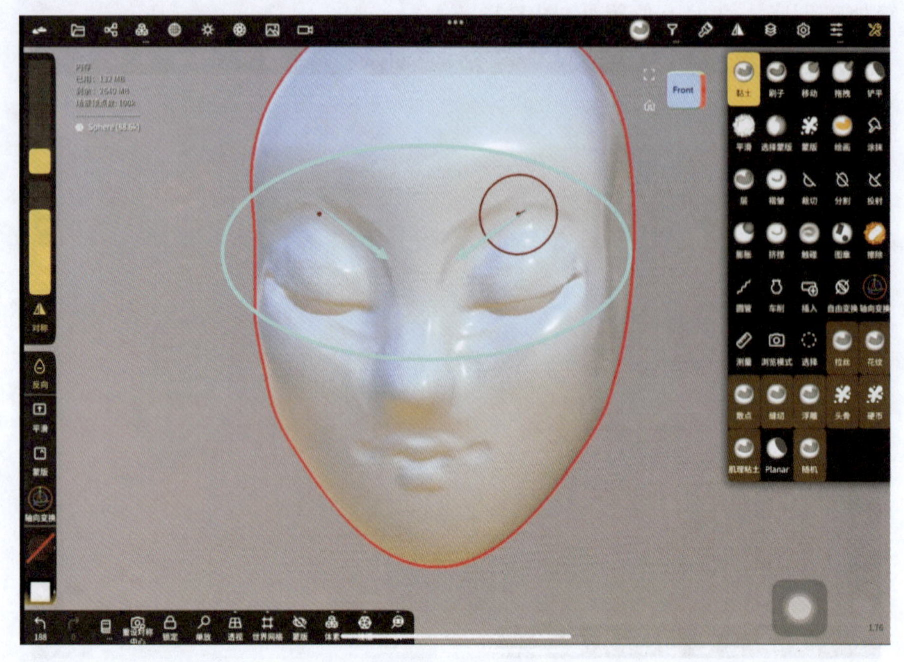

图 5-20 雕刻眼眶

步骤 11 将视图调整至约 45°侧视角，使用拖拽笔刷向外拖拽，对面颊轮廓进行立体调整(图 5-21)。

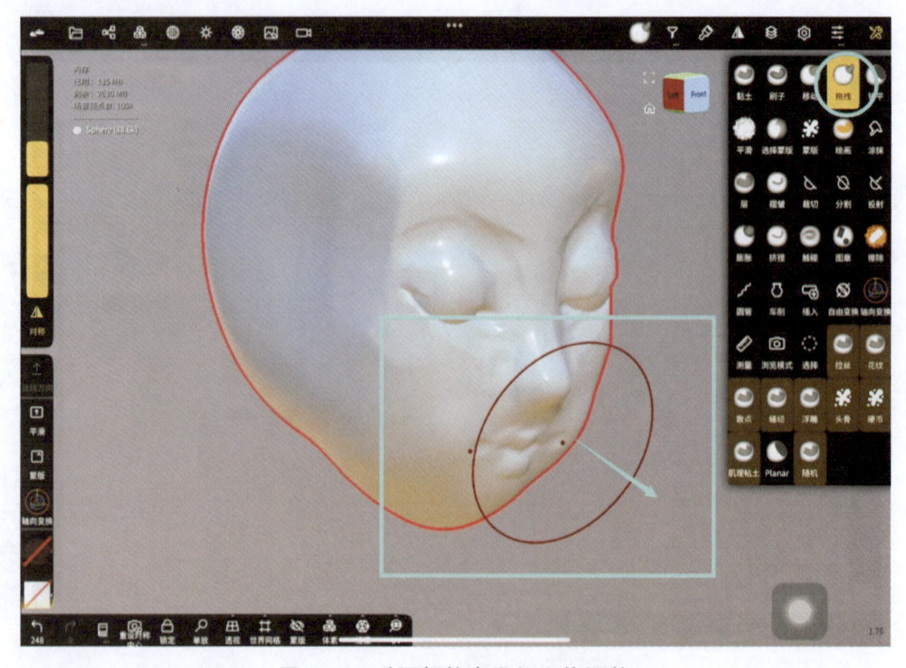

图 5-21 对面颊轮廓进行立体调整

步骤 12 使用褶皱笔刷，从内向外雕刻嘴唇间的缝隙（图 5-22）。

注意 褶皱笔刷的增减效果和其他雕刻类笔刷是相反的，要关闭界面左栏【反向】功能快捷按钮才是正常向下雕刻的效果。

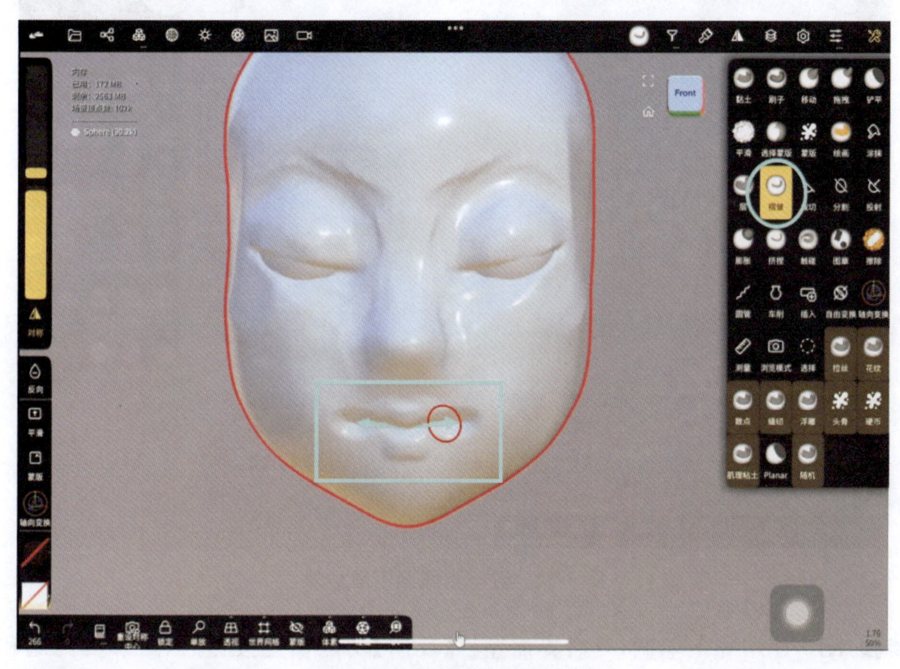

图 5-22 从内向外雕刻嘴缝

雕刻完嘴缝后，开启界面左栏【反向】功能快捷按钮，进一步雕刻上唇唇峰棱角边缘（图 5-23）。

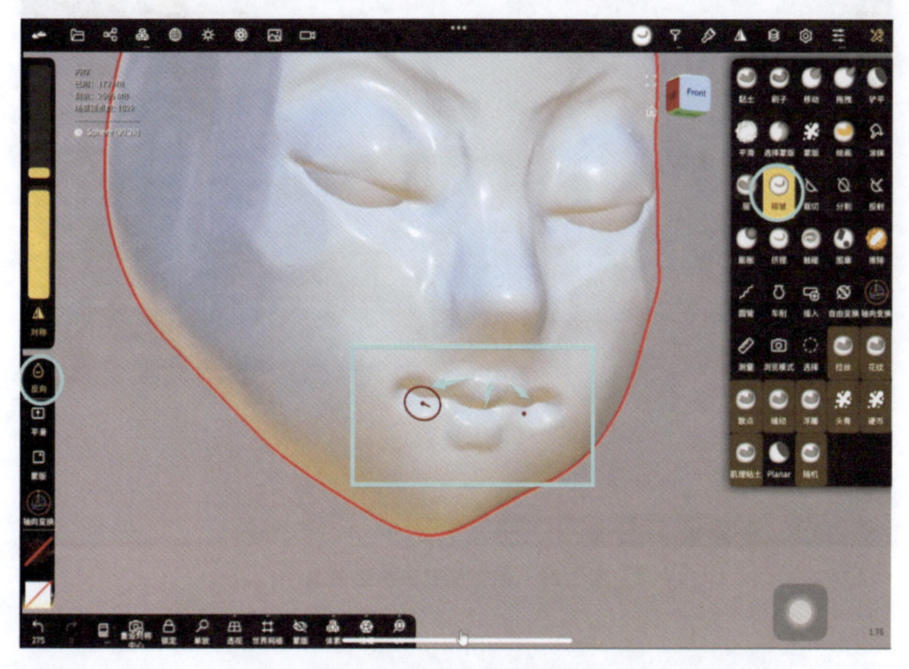

图 5-23 加强上唇唇峰棱角

对于下唇边缘，也用同样的方法进行加强雕刻处理(图 5-24)。

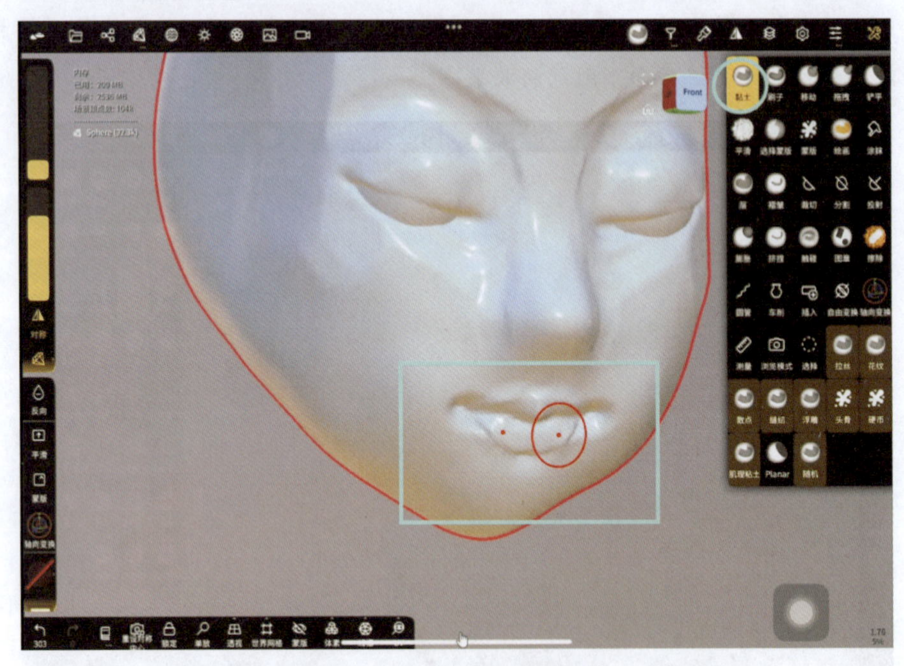

图 5-24　进一步雕刻下唇边缘

步骤 13　使用黏土笔刷，开启界面左栏【反向】功能快捷按钮后，对鼻翼两侧和鼻底进行雕刻，进一步细化面部三角区凹陷(图 5-25)。

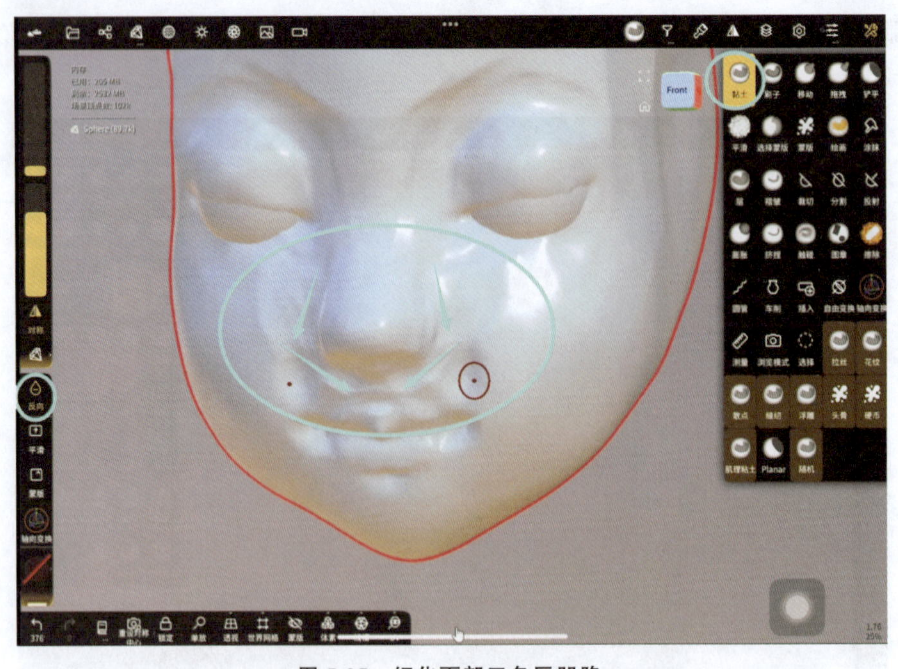

图 5-25　细化面部三角区凹陷

接着，使用平滑笔刷对刚刚雕刻过的区域进行平滑处理(图 5-26)。

注意 模型面数不能太多，否则平滑笔刷的抛光效果会不明显。

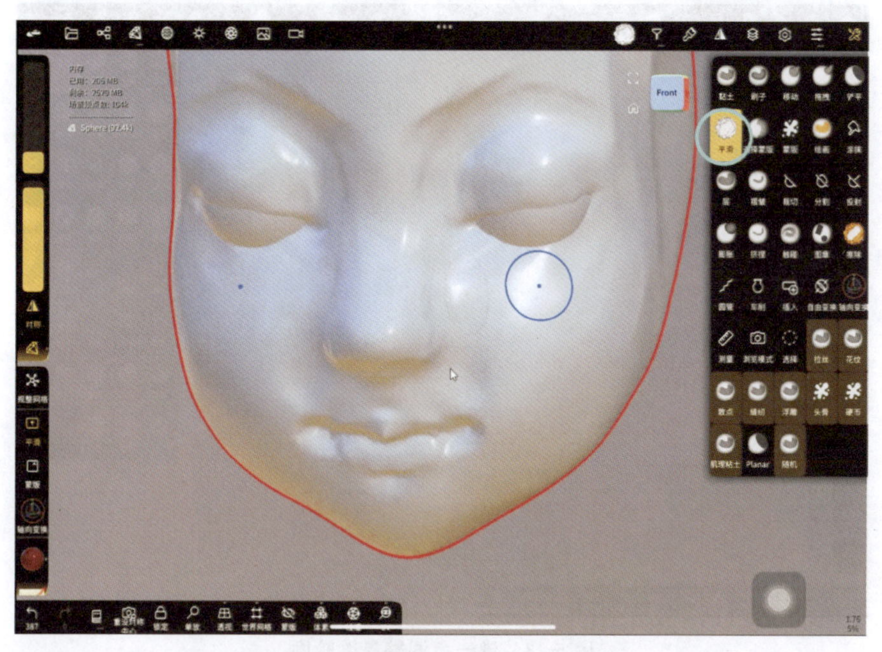

图 5-26　对面部三角区进行平滑处理

步骤 14　将画面视图切换至左视图，使用拖拽笔刷对面部全局的五官位置、深浅比例、轮廓边缘等进行调整。将眼窝向内拉伸，额头向外拉伸，鼻梁向内拉伸，眼角向上提拉，人中向内拉伸，嘴缝向内拉伸，下唇底部向内拉伸，下巴向外拉伸，下颌底部向上拉伸(图 5-27)。

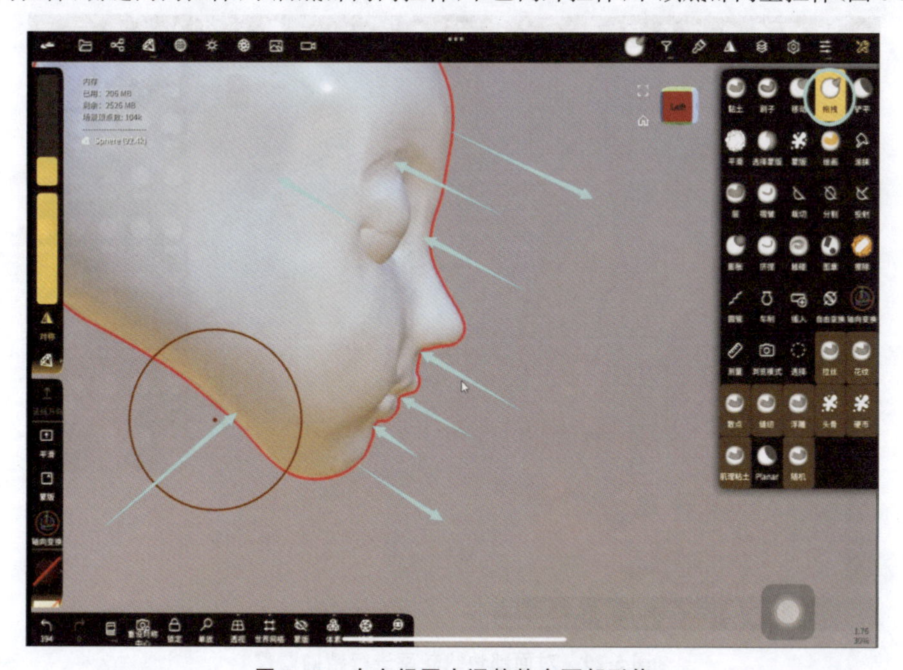

图 5-27　在左视图中调整整个面部形体

步骤 15 将视图调整至左侧 3/4 视图，使用拖拽笔刷将鼻梁上端边缘向内推拉，进一步调整鼻梁轮廓边缘(图 5-28)。

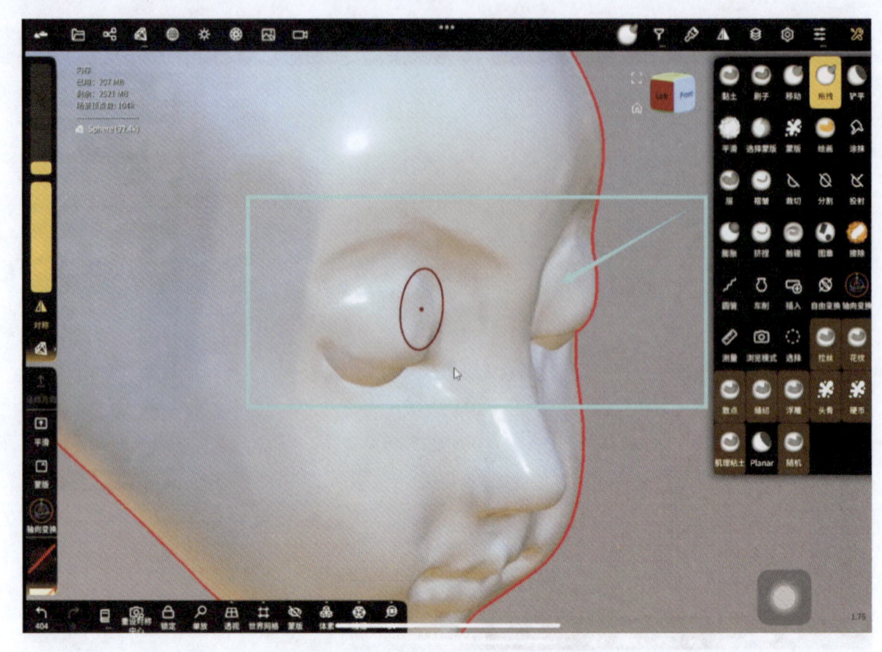

图 5-28 进一步调整鼻梁轮廓

在当前视角，使用拖拽笔刷将面部边缘轮廓作进一步精确调整，继续将额头边缘向外拉伸，上眼皮向内拉伸，下眼皮向内拉伸，腮部向外拉伸，下巴向内拉伸(图 5-29)。

至此，面部基本雕刻完成，接下来要雕刻头发部分。

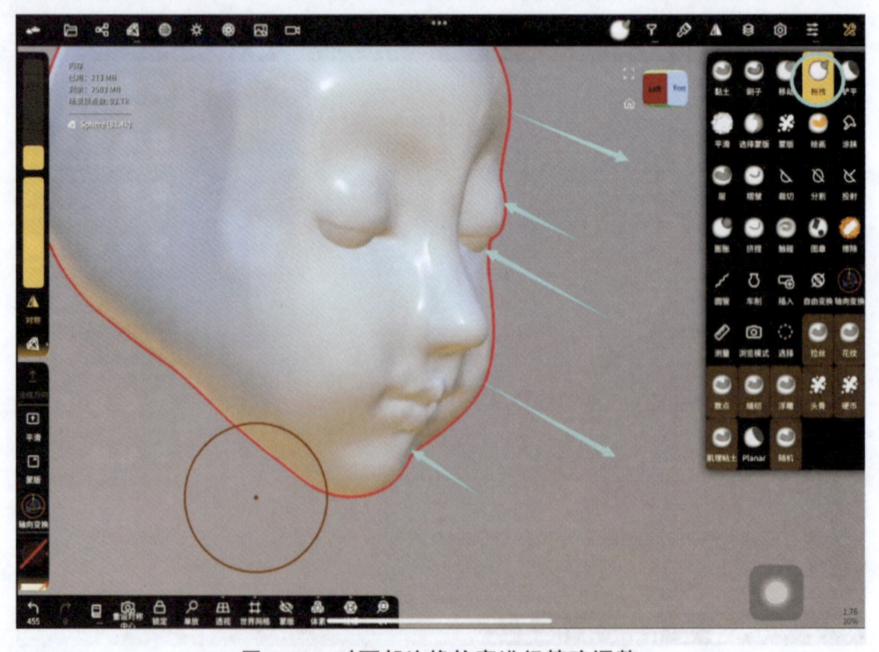

图 5-29 对面部边缘轮廓进行精确调整

步骤 16 依次点击【选择蒙版】工具和界面左栏【套索】功能快捷按钮，绘制头发区域蒙版。之后开启选择蒙版设置面板，设定好抽壳厚度参数后，点击【抽壳】按钮，完成抽壳（图 5-30）。

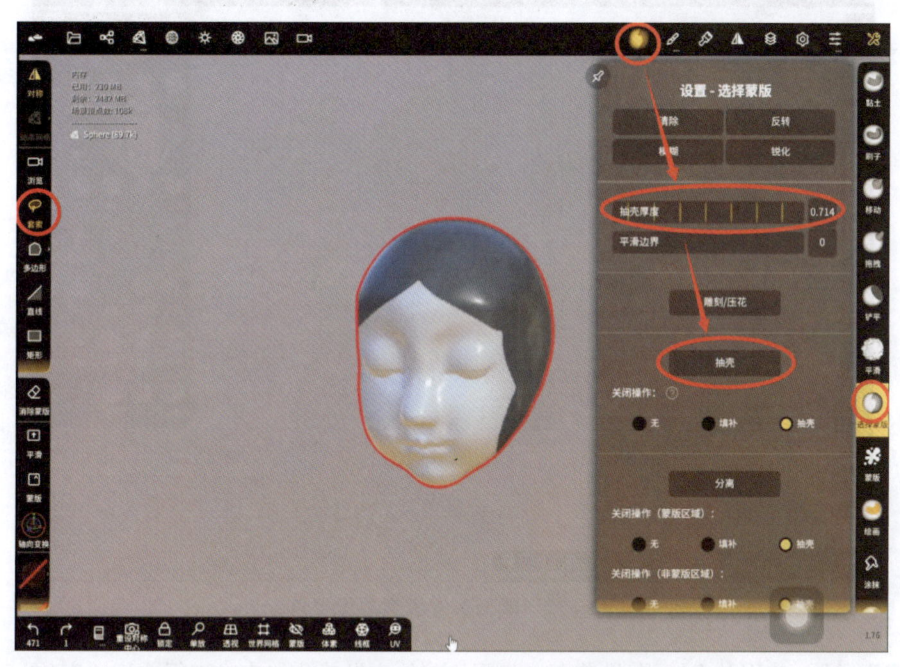

图 5-30 绘制头发区域蒙版并完成抽壳

步骤 17 使用拖拽笔刷调整头发模型的体积并将其拉伸（图 5-31）。

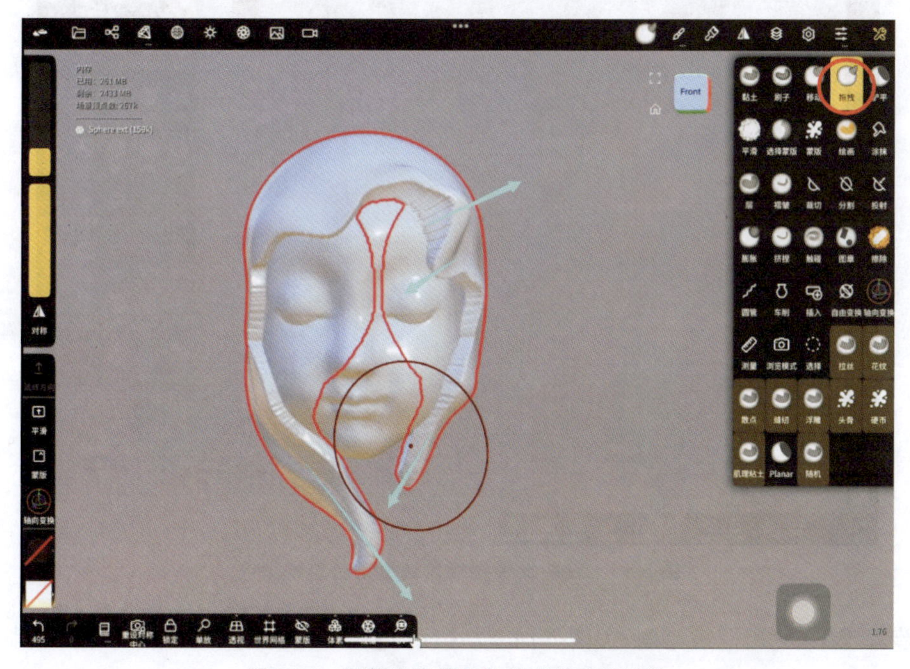

图 5-31 调整头发模型的体积并将其拉伸

步骤 18 使用褶皱笔刷并开启界面左栏的【反向】功能快捷按钮，对头发模型的边缘进行棱角雕刻（图 5-32）。

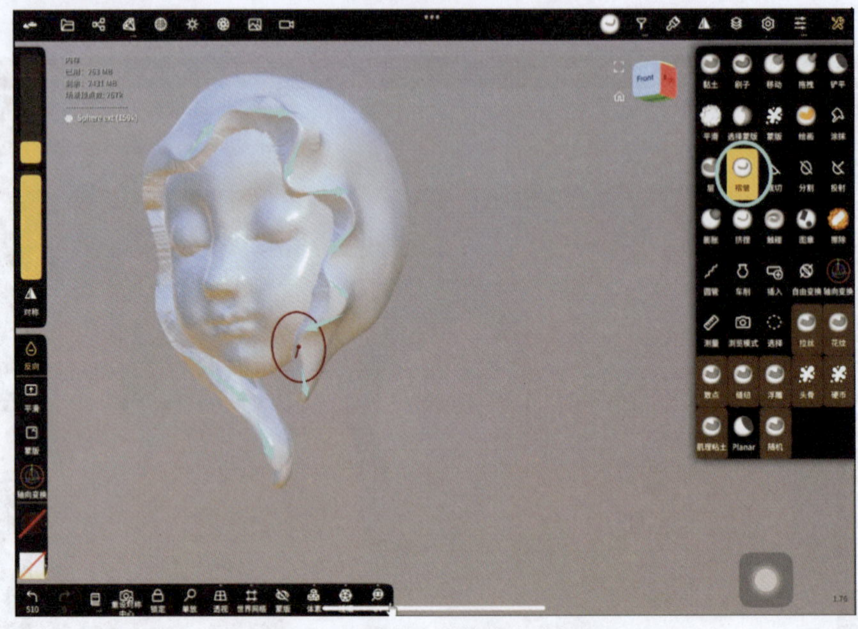

图 5-32 雕刻头发模型边缘棱角

步骤 19 使用黏土笔刷，沿着上一步骤绘制的头发棱角的边缘进行体积填充（图 5-33）。

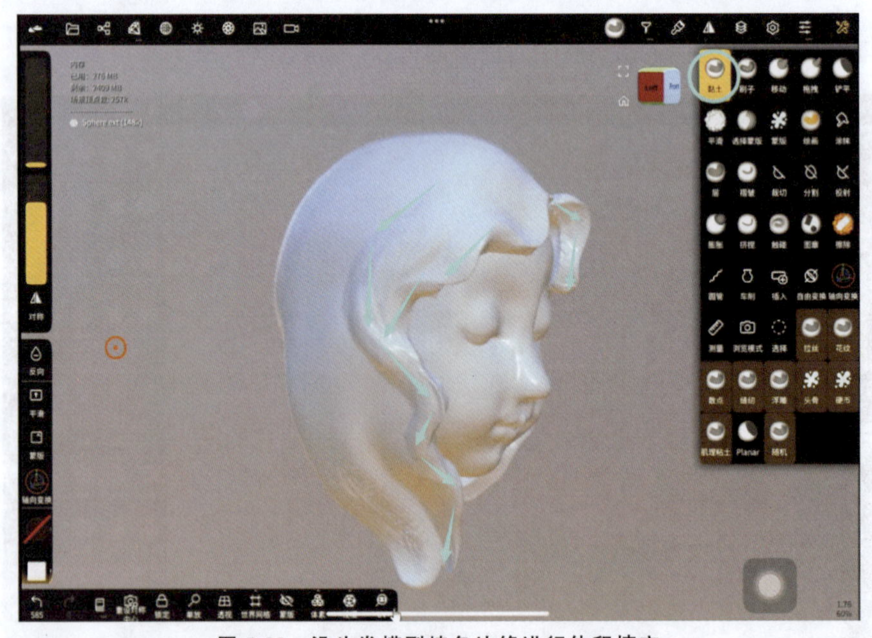

图 5-33 沿头发模型棱角边缘进行体积填充

步骤 20 使用褶皱笔刷，关闭界面左栏【反向】功能快捷按钮，在头顶部位绘制发缝（图 5-34）。

注意 在这类比较薄的模型上雕刻时，一定要勾选笔刷的【只影响对象表面】功能选项，否则模型背面容易在雕刻过程中受到影响。

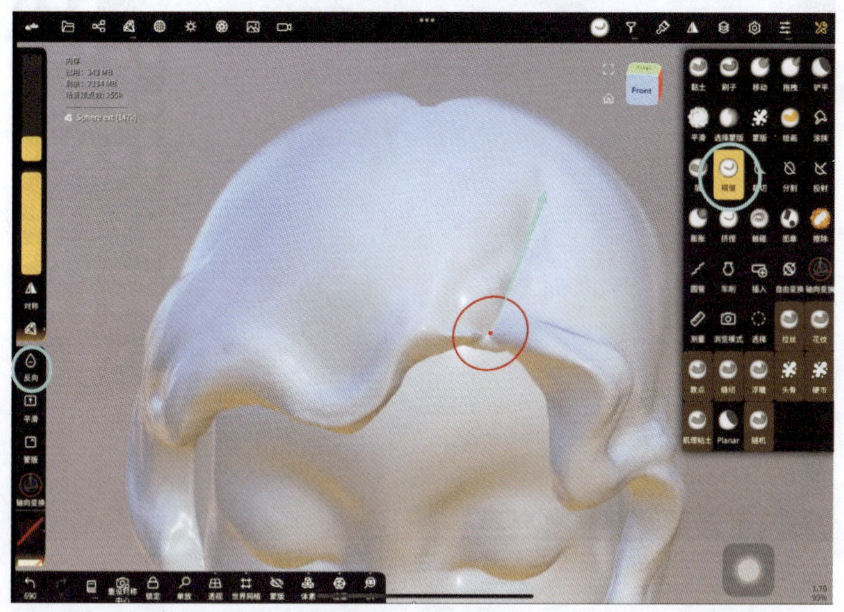

图 5-34 绘制发缝

步骤 21 使用褶皱笔刷并开启界面左栏的【反向】功能快捷按钮，在步骤 19 所雕刻的体积上作进一步的棱角加强，绘制出发片的走向趋势（图 5-35）。

图 5-35 绘制出发片的走向趋势

步骤 22 在界面偏顶视图视角，使用黏土笔刷，根据头发的生长规律，对顶部头发进行雕刻，使头发沿发缝呈放射状散开，呈现出一定的体积感(图 5-36)。

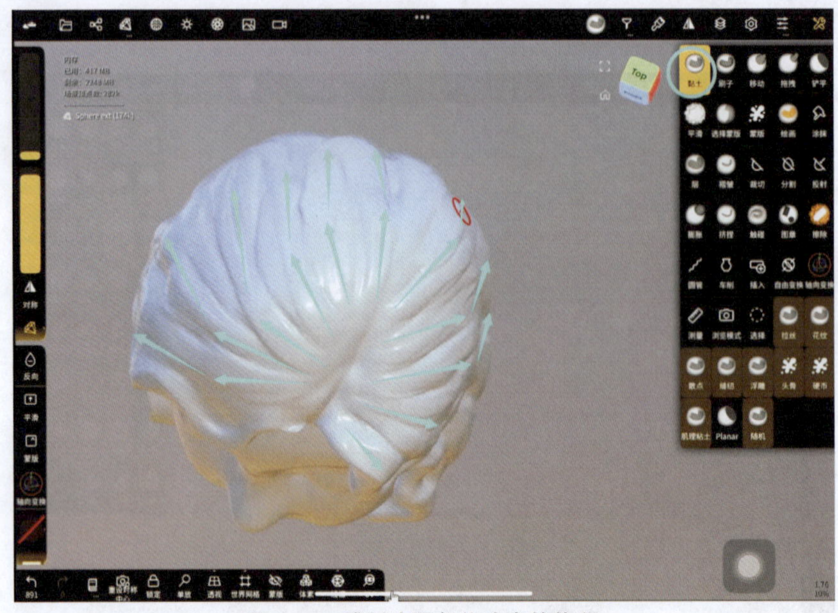

图 5-36　雕刻头顶部位头发的体积

步骤 23　当头发雕刻得差不多后，就可以进一步对五官进行精修了。使用褶皱笔刷，开启界面左栏【反向】功能快捷按钮后，对眼睑的边缘棱角进行加强处理(图 5-37)。

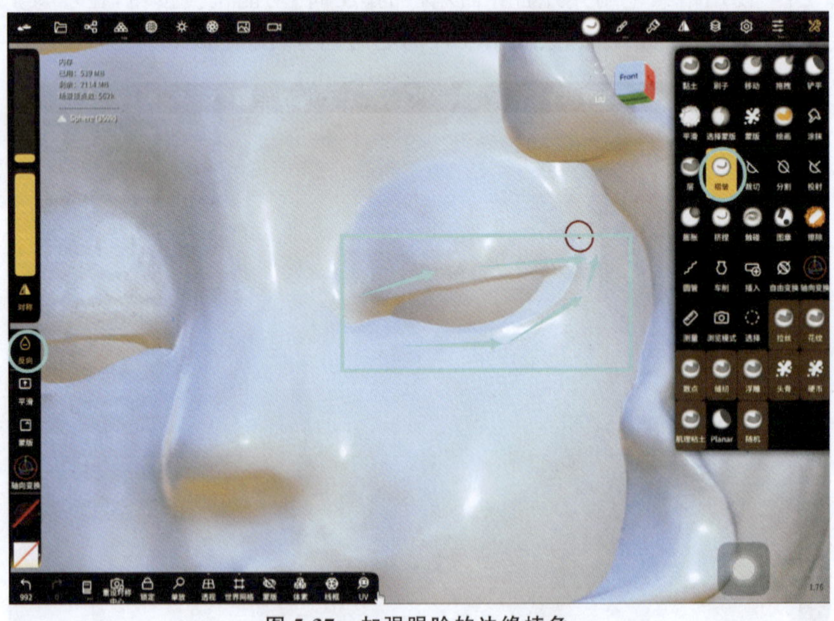

图 5-37　加强眼睑的边缘棱角

注意　在绘制这种长线条时，绘画基本功不熟练的初学者可以勾选笔刷设定面板的【笔刷落后】功能选项，以避免因为手抖导致的线条绘制歪扭、不顺畅等情况。但这个参数不要调得过大，否则会导致绘制时操作不方便。

步骤 24　开启渲染模式菜单，选择【材质捕捉】模式，这样画面就调整为黏土效果，可以更好地观察模型的光影结构（图 5-38）。

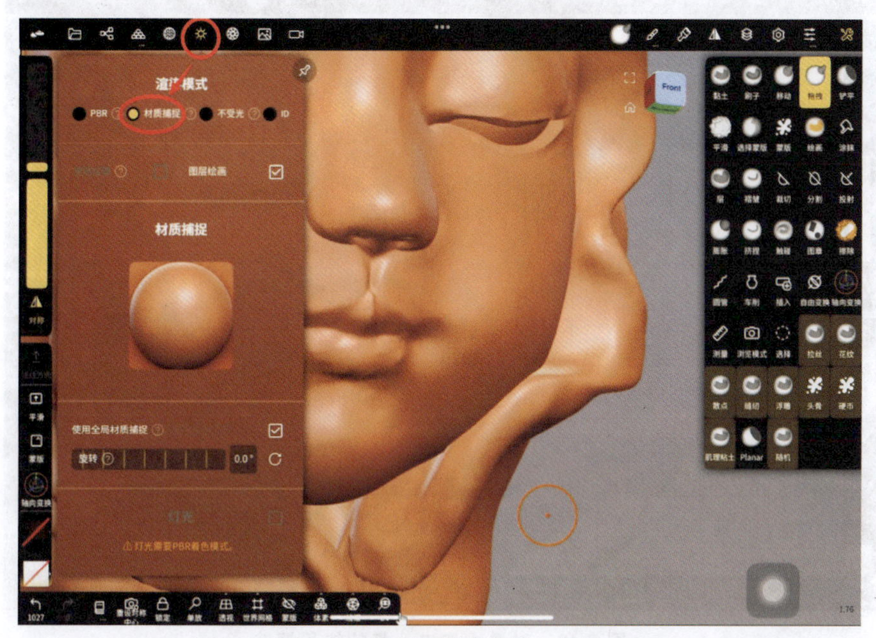

图 5-38　将画面调整为黏土效果

使用褶皱笔刷，灵活配合开启或关闭界面左栏【反向】功能快捷按钮，在鼻翼两侧和鼻孔处作凹陷雕刻，嘴缝作加强凹陷雕刻，下唇底部作凹陷雕刻，上、下眼睑外边缘作进一步的加强棱角雕刻，上唇唇峰作进一步的加强棱角雕刻（图 5-39）。

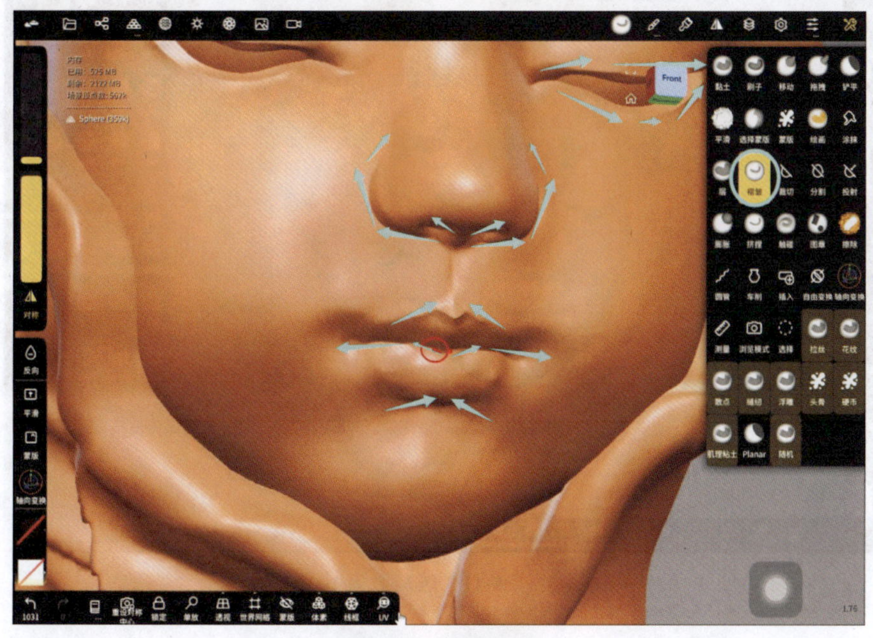

图 5-39　精修五官

步骤 25 使用黏土笔刷，开启界面左栏【反向】功能快捷按钮后，对鼻梁作进一步的体积塑造，去掉多余的凸起体积，这样可以让鼻梁看起来更挺拔（图 5-40）。

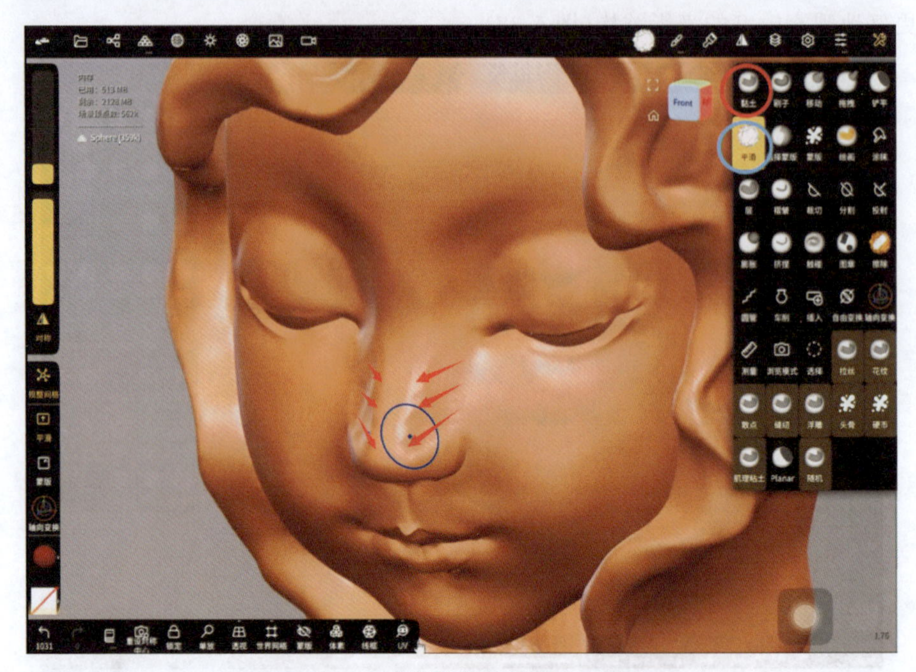

图 5-40 对鼻梁作进一步的体积塑造

最终雕刻效果如图 5-41 所示，接下来就可以开始模型的上色渲染处理了。

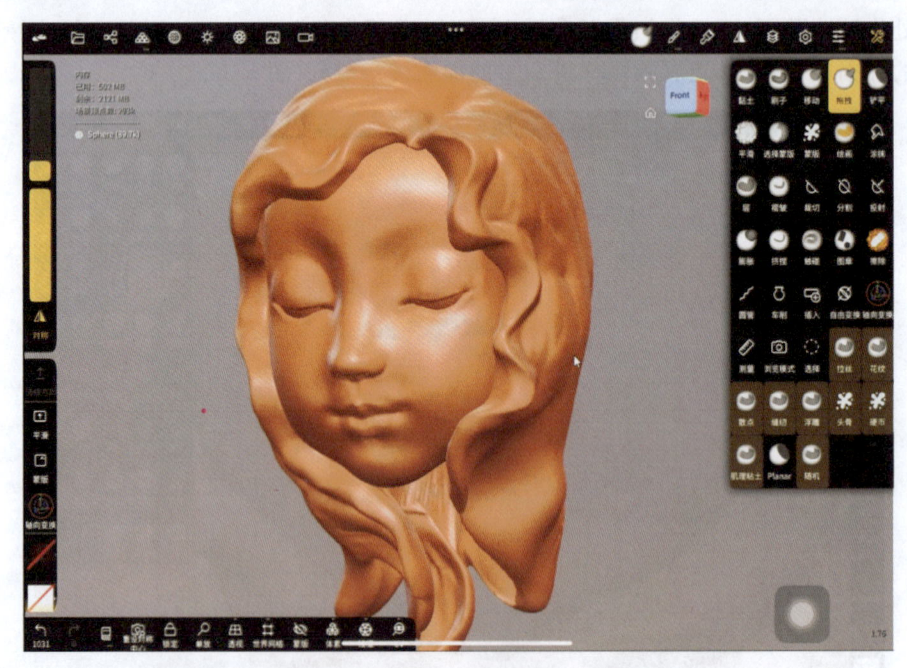

图 5-41 雕刻效果

步骤 26 先使用笔单击面部，选中面部模型后开始进行上色操作。在进行模型表面的上色以及图案绘制时，为了便于后期对颜色的质感等参数进行灵活调整，可以先开启界面顶栏右侧的图层面板，点击【添加图层】按钮，创建新的笔刷图层后再进行绘制。可以将不同颜色材质分配到不同的笔刷图层，这样后期每一层都可以独立调整。完成笔刷图层创建后，可以开启绘画笔刷，点击界面左栏【材质球】功能快捷按钮，在设定好颜色及粗糙度参数后，点击【强制全部上色】按钮，完成面部整体皮肤的材质赋予（图 5-42）。

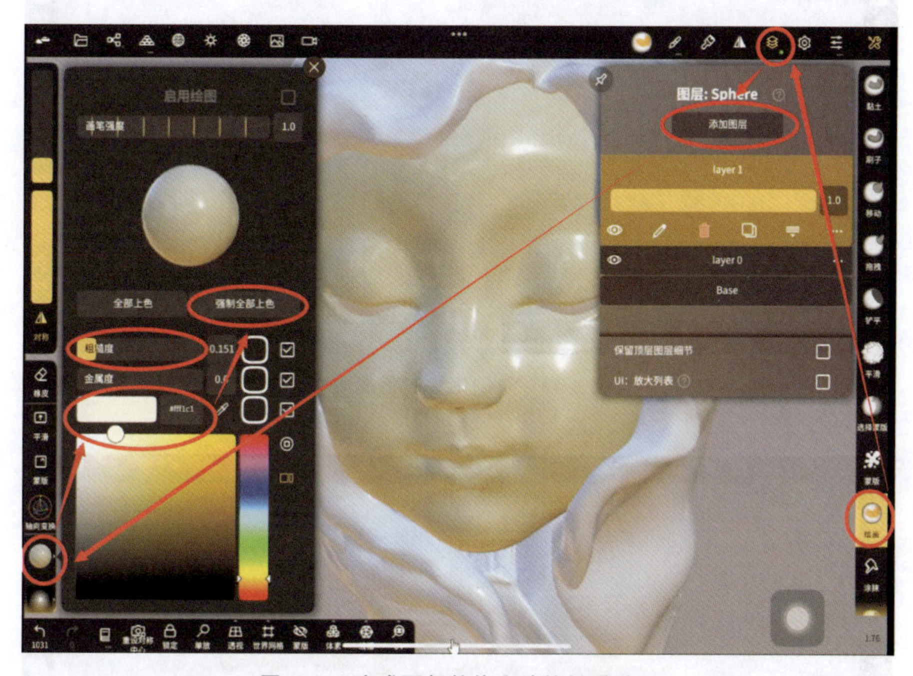

图 5-42 完成面部整体皮肤的材质赋予

注意 对于皮肤的材质，建议加一些粗糙度参数，否则会因为高光过多显得油腻。设定颜色时，除了直接从调色板选择外，也可以通过设定颜色代码编号来实现颜色赋予。

步骤 27 再次创建新的笔刷图层，然后使用绘画笔刷，设定好颜色后进行眼影的绘制。先绘制靠近眼线部位的眼影，这部分眼影的颜色是最浓的（图 5-43）。

步骤 28 接下来可以通过调整界面左栏中部的笔刷强度控制条来实现绘画效果的色彩透明度控制。将笔刷尺寸调整得更大些后，可以进行大面积上色。这种绘制技法常用于渐变色处理（图 5-44）。

步骤 29 再次创建新的笔刷图层，使用绘画笔刷，设定好较为浓郁的红色后进行唇彩的绘制。该操作方式类似于眼影的绘制，先进行嘴缝处颜色较为浓郁区域的颜色绘制，然后调整笔刷强度，进行渐变色的绘制（图 5-45）。

步骤 30 创建新的笔刷图层，然后使用绘画笔刷，设定一款较深颜色后进行眼线的绘制。为了视觉上的美观，此处颜色最好和其他妆容色系一致，前面绘制的眼影和唇彩

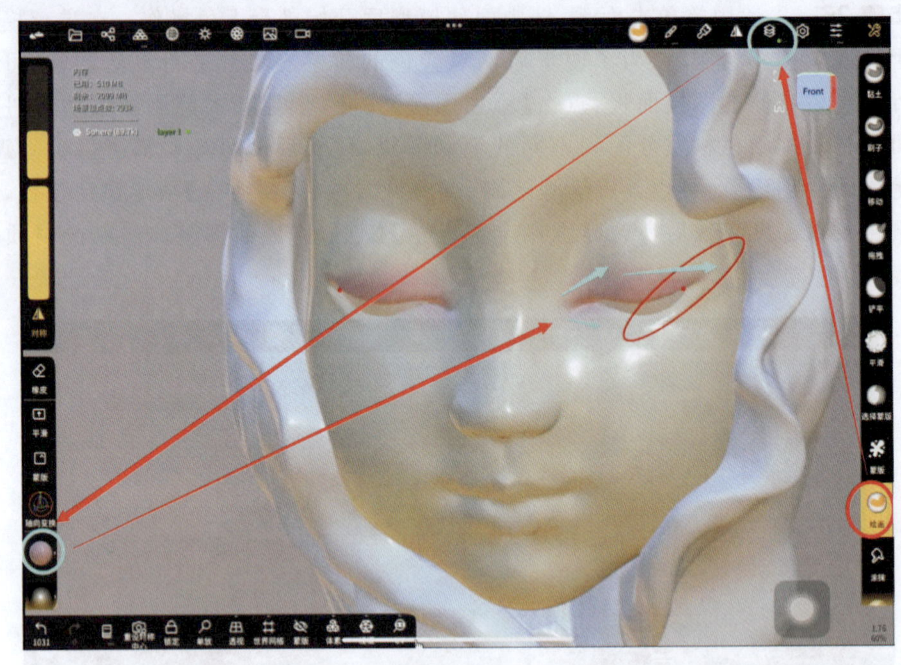

图 5-43　绘制眼线附近的眼影

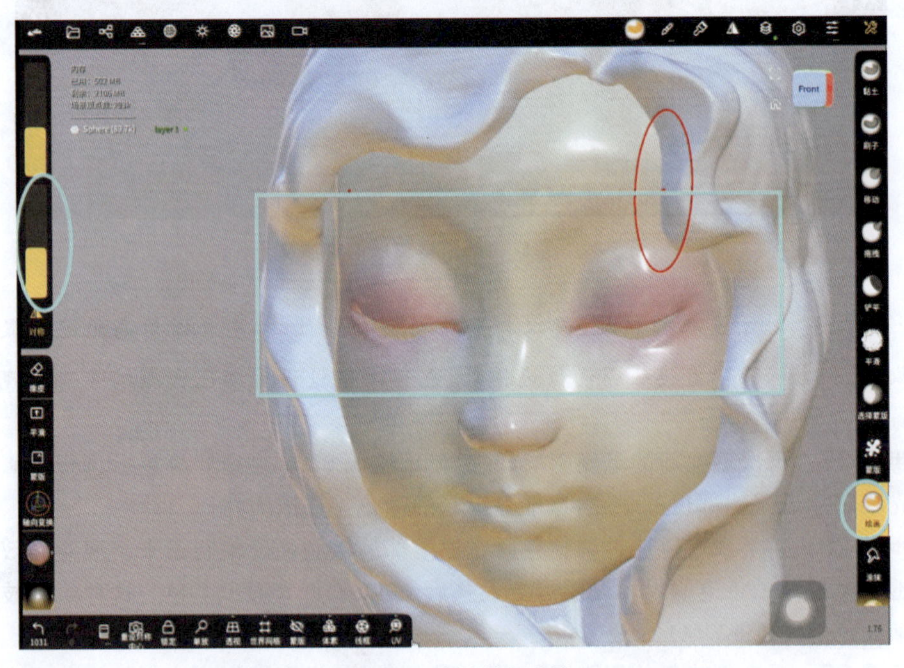

图 5-44　绘制渐变眼影

都为红色系，所以这里使用的眼线颜色适当地加入了红色调(图 5-46)。

步骤 31　用笔单击眼球，选中眼球模型后，选择绘画笔刷，设定好颜色后点击【强制全部上色】功能按钮，完成眼球的整体上色(图 5-47)。

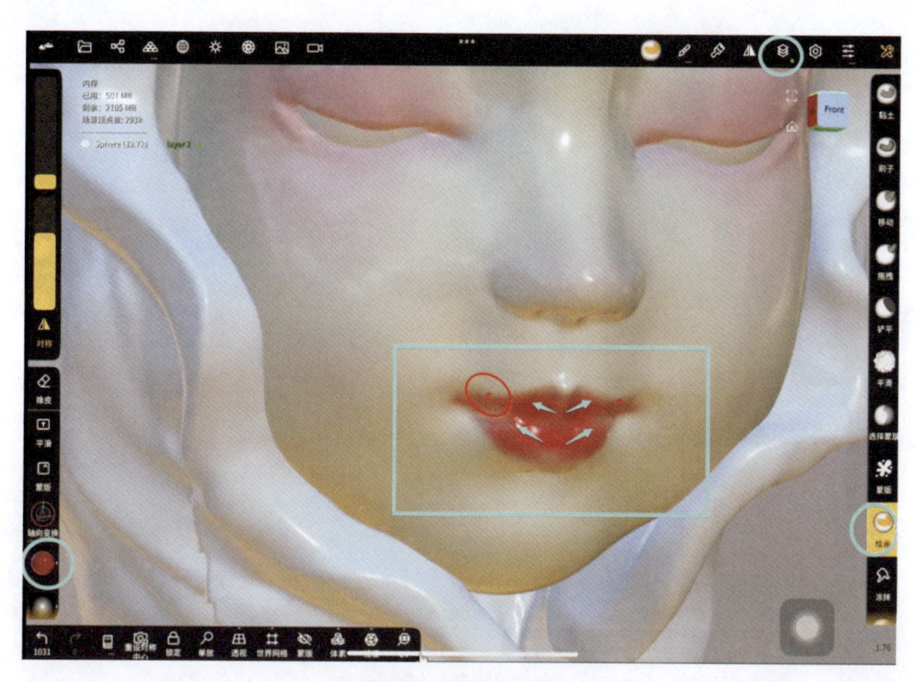

图 5-45　绘制唇彩

图 5-46　画红色眼线

注意 每个场景图层都具备独立的笔刷图层，例如之前在面部绘制的那些相关笔刷图层，是不会影响到眼球模型的。因为对整个眼球赋予的是同一种颜色材质，所以就不需要额外创建新的笔刷图层了。

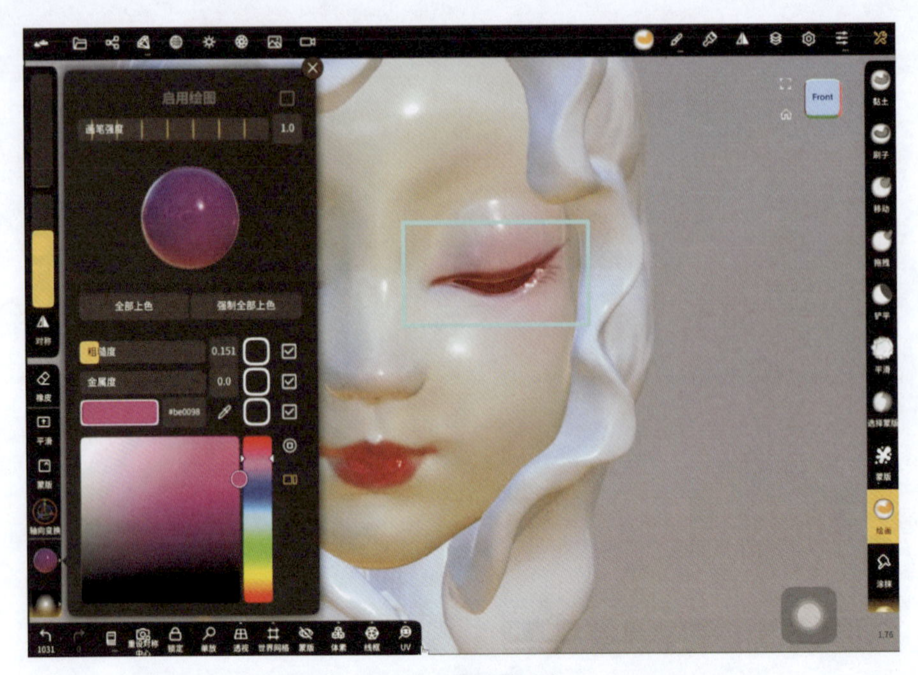

图 5-47　给眼球上色

步骤 32　用笔单击头发，选中头发模型后，使用绘画笔刷赋予颜色材质，注意不要加入金属度参数。然后打开材料面板，选择【次表面】模式，勾选【半透明】选项（图 5-48）。

图 5-48　给头发上色

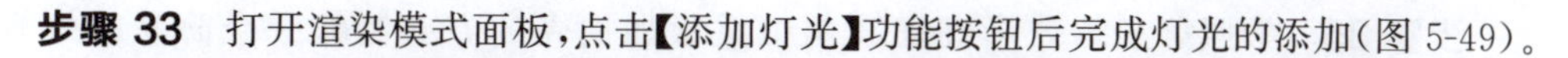

步骤 33 打开渲染模式面板，点击【添加灯光】功能按钮后完成灯光的添加(图 5-49)。

图 5-49 添加灯光

步骤 34 对于新建的灯光，可以使用轴向变换工具进行角度调整。可以以顶光为主，侧脸处打一个副光以提升肤色通透质感(图 5-50)。

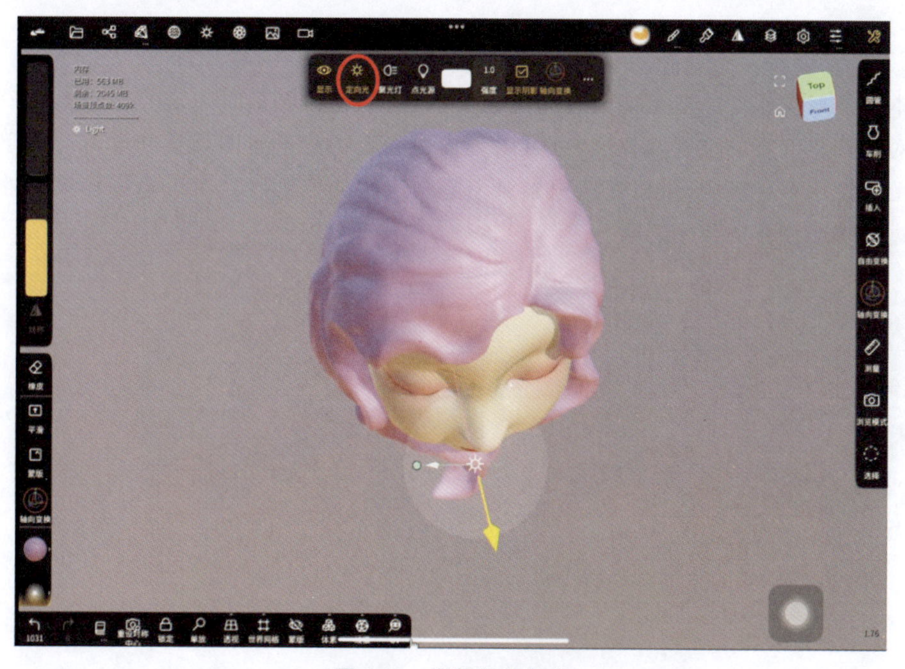

图 5-50 调整打光角度

步骤 35 参照第三章炫彩蝴蝶案例中蒙版加抽壳的方式制作一个简易的蝴蝶发卡，作为人偶头部的装饰，可以进一步丰富画面效果。除此之外，可以通过添加小球及使用拖拽笔刷对整体效果进行调整(图 5-51)。

图 5-51　制作蝴蝶发卡及添加小球

【案例小结】

本案例对操作者的造型能力有一定的要求，初学者在雕刻时一定要在起大形阶段反复比对和调整五官的位置及比例，也可以多找一些人物的素材图观察和学习。在雕刻过程中切换使用多种笔刷，可以快速积累对于笔刷应用的熟练度。对于笔刷轻重的控制是雕刻过程中应注意的重中之重。

6 进阶案例：瑞兽

【任务描述】

本次任务为利用Nomad软件完成如图6-1所示瑞兽的建模，任务重点在于空间立体感训练，以及对笔刷雕刻技法和绘画笔刷上色技巧的学习，学习过程中要重点观察图示笔触雕刻方向的箭头指引。

图6-1 瑞兽完成效果图

【建模思路】

首先通过各部位基本体的组合拼凑出瑞兽基本体，再使用拖拽笔刷进行瑞兽大形的制作，将各部位基本体融合之后，通过黏土笔刷去塑造体积，用各类笔刷和Alpha功能来雕刻更复杂的细节。在整个创作过程中，可以根据设计需要对整体的大形进行优化调整。

【步骤详解】

步骤1 点击项目菜单的【新建】按钮，创建新场景。可以使用当前现有的球体模型作为头部(图6-2)。

步骤2 现在开始制作右侧眼球。开启顶栏场景菜单，创建球体，使用轴向变换工具

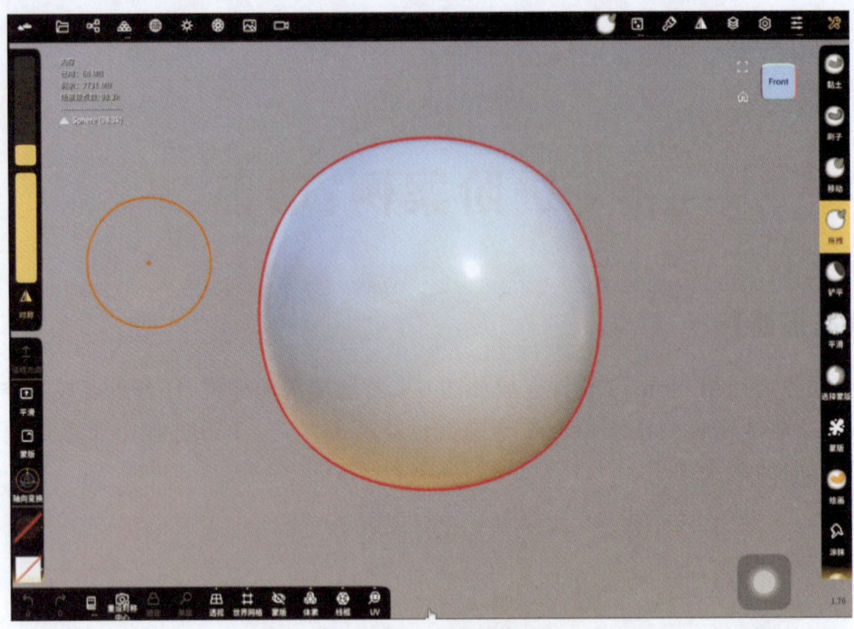

图 6-2　创建瑞兽头部

在画面顶视图视角方向对该球体的位置和大小进行调整(图 6-3)。

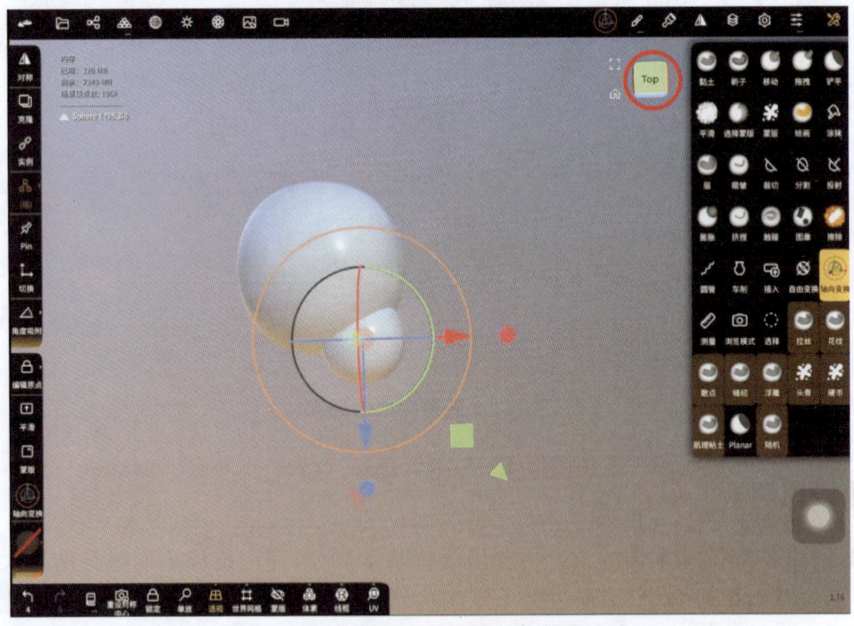

图 6-3　调整瑞兽右侧眼球的位置和大小

调整好右侧眼球位置后,开启对称面板的【世界对称】坐标模式,然后点击【镜像】中的【从右至左】按钮,将眼球进行左右复制(图 6-4)。开启轴向变换工具界面左栏的【对称】功能快捷按钮后,进一步调整左侧眼球位置。

注意 之前做的眼球模型在头部右侧,所以这里通过从右至左镜像来得到左侧

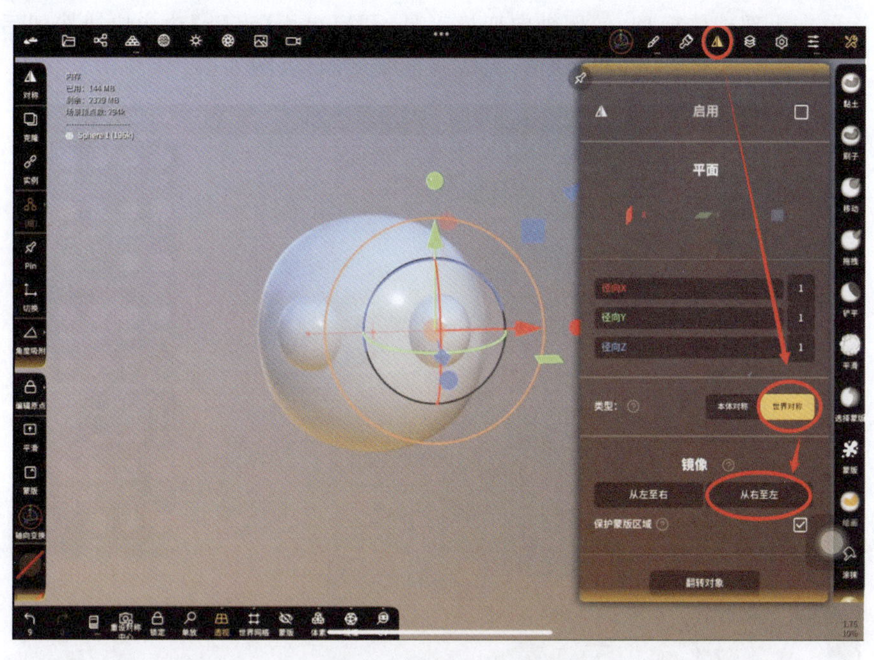

图 6-4　复制出左侧眼球

眼球模型。

步骤 3　开启【相机】功能面板，将视图的旋转模式改为【轨迹球】模式，这样就可以自由旋转视图了。使用两根手指在屏幕上沿逆时针方向旋转滑动，将视图平面旋转为如图 6-5 所示的视角效果。

注意　调整旋转模式是为了方便后面进行非对称造型身体的制作。

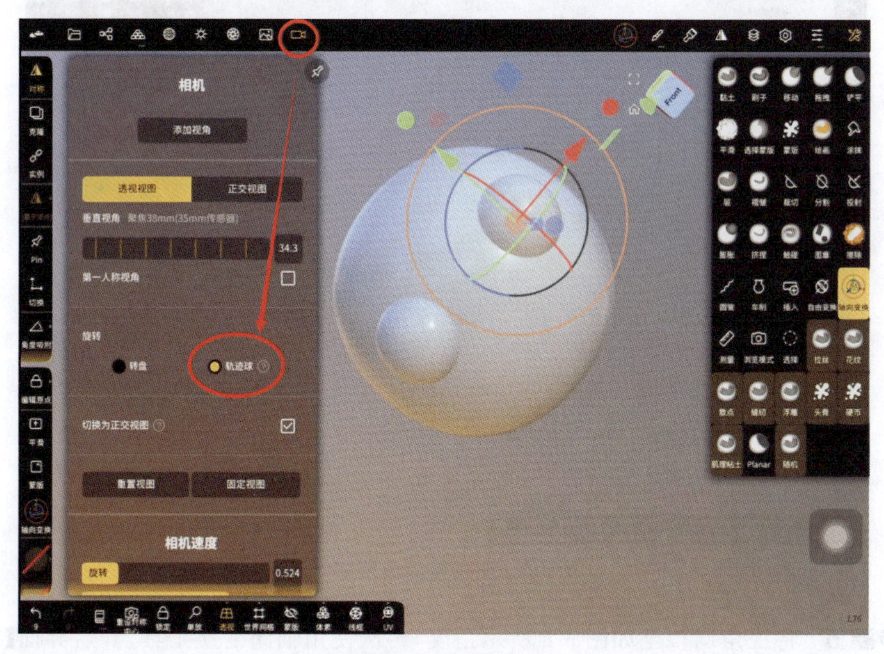

图 6-5　旋转视图

用笔单击头部球体模型，使用轴向变换工具，开启界面【克隆】功能快捷按钮后，使用操作轴上的绿色箭头移动复制出球体，完成胸部模型制作（图 6-6）。

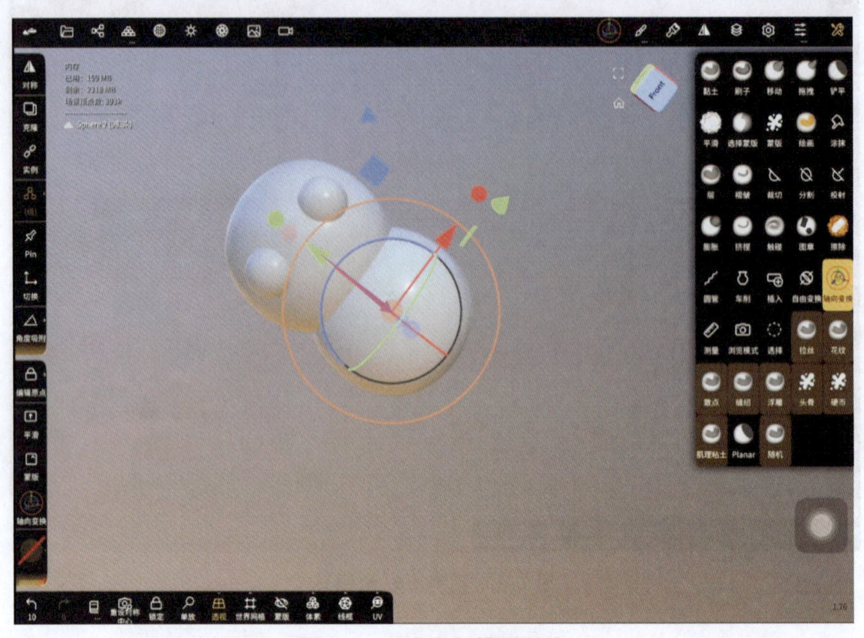

图 6-6　完成胸部模型制作

步骤 4　再次使用轴向变换工具，开启界面【克隆】功能快捷按钮，继续进行球体的复制，然后在偏顶视图视角处进行位置调整，完成臀部模型的制作（图 6-7）。

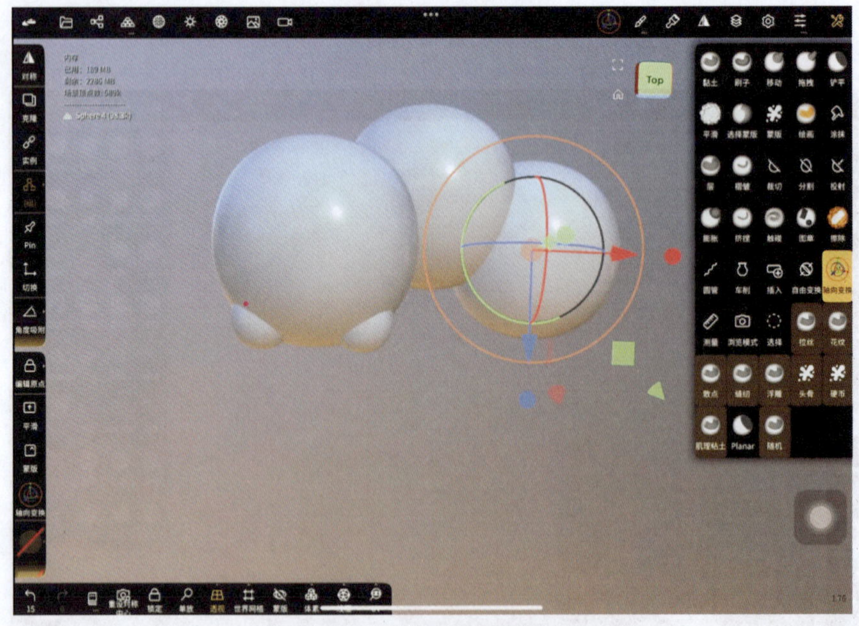

图 6-7　完成臀部模型制作

步骤 5　将视角调整至如图 6-8 所示角度，再次使用轴向变换工具，开启界面【克隆】

功能快捷按钮，继续进行球体的复制，复制后使用轴向变换工具操作轴对球体进行平面任意移动，完成肩部两侧球体模型的制作。

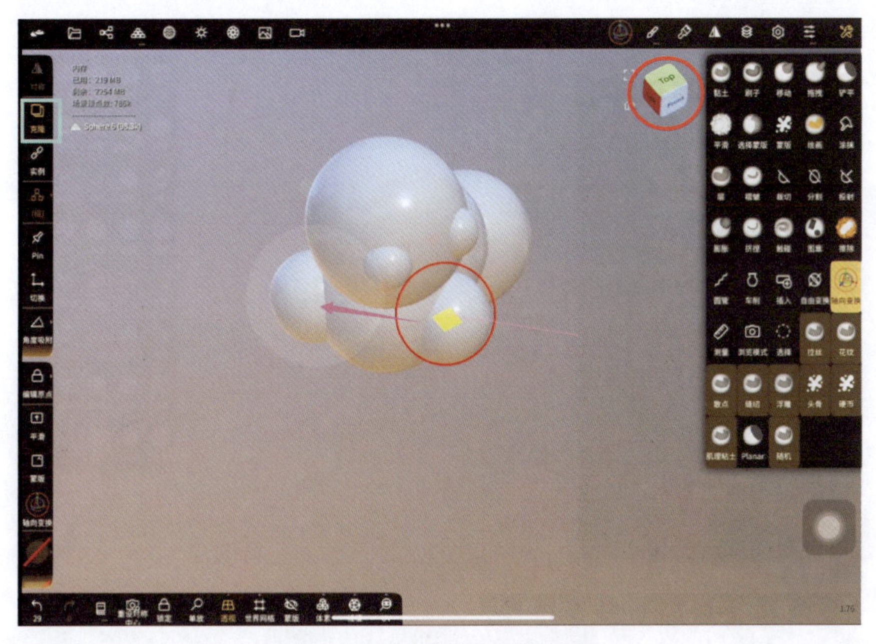

图 6-8 完成肩部两侧模型制作

步骤 6 为了方便后续模型场景图层管理，现在要进行多模型之间的子母从属关系设定。打开场景菜单，用手指长按眼睛球体模型所在的场景图层，此时当前场景图层在目录中变成可移动状态，保持手指按住不松开并向上拖动，直至将该图层放于头部球体模型所在场景图层，并且显示的转折符号为向下方展开时再松开手指(图 6-9)。

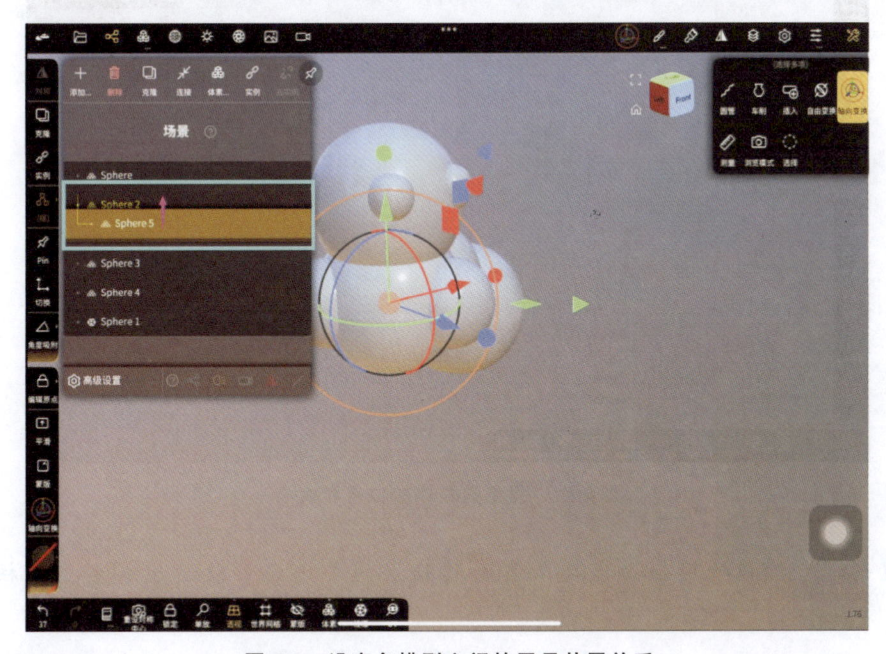

图 6-9 设定多模型之间的子母从属关系

步骤 7 现在开始制作前腿。开启顶栏场景菜单，创建圆柱体(图 6-10)，然后使用轴向变换工具在画面正视图视角方向对圆柱体的位置和大小进行调整(图 6-11)。

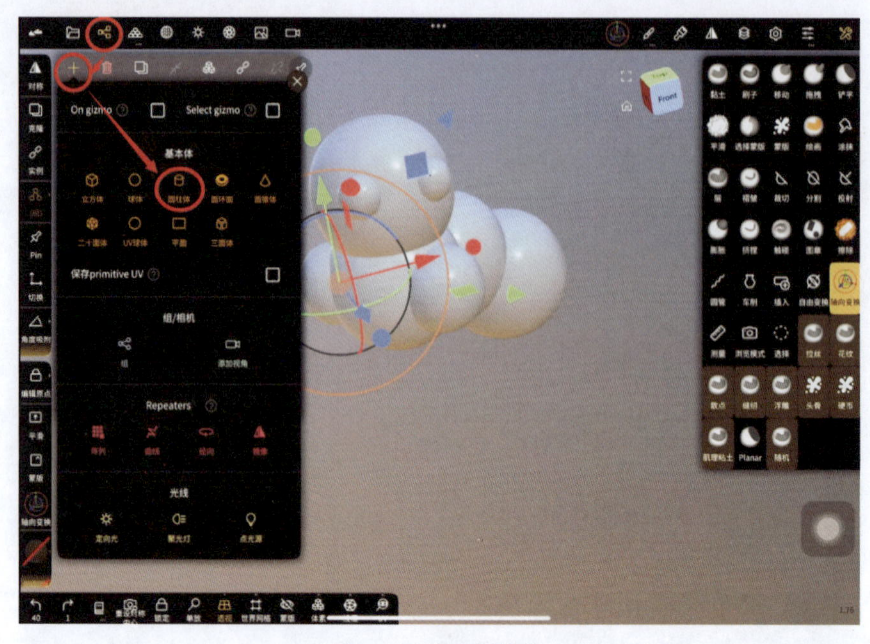

图 6-10 创建圆柱体

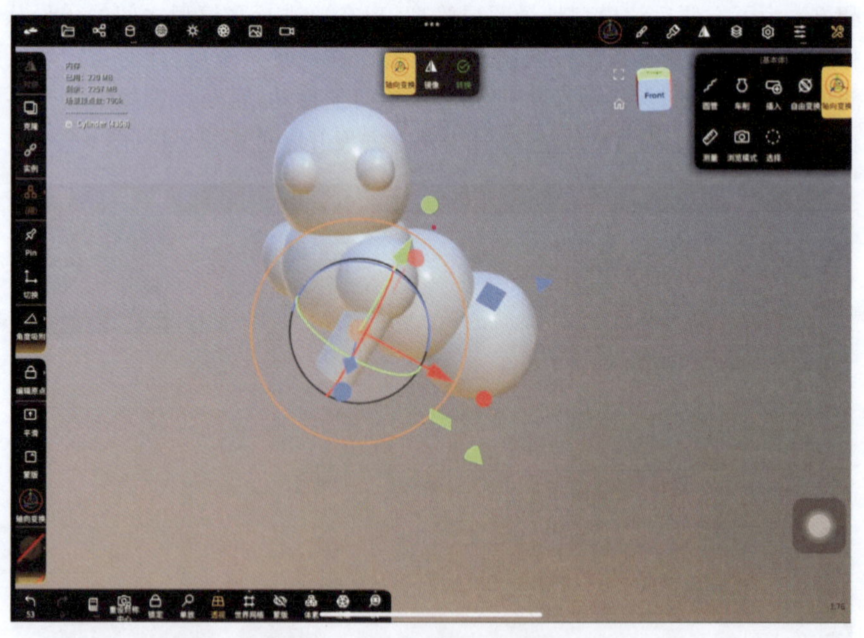

图 6-11 调整圆柱体的位置和大小

注意 可以使用轴向变换工具操作轴上的单方向缩放功能来调整圆柱体的长短。

步骤 8 继续使用轴向变换工具，开启界面【克隆】功能快捷按钮后，分别进行球体和圆柱体的复制，复制后使用轴向变换工具操作轴进行相关移动，完成肘部和腿部模型的制作（图 6-12）。

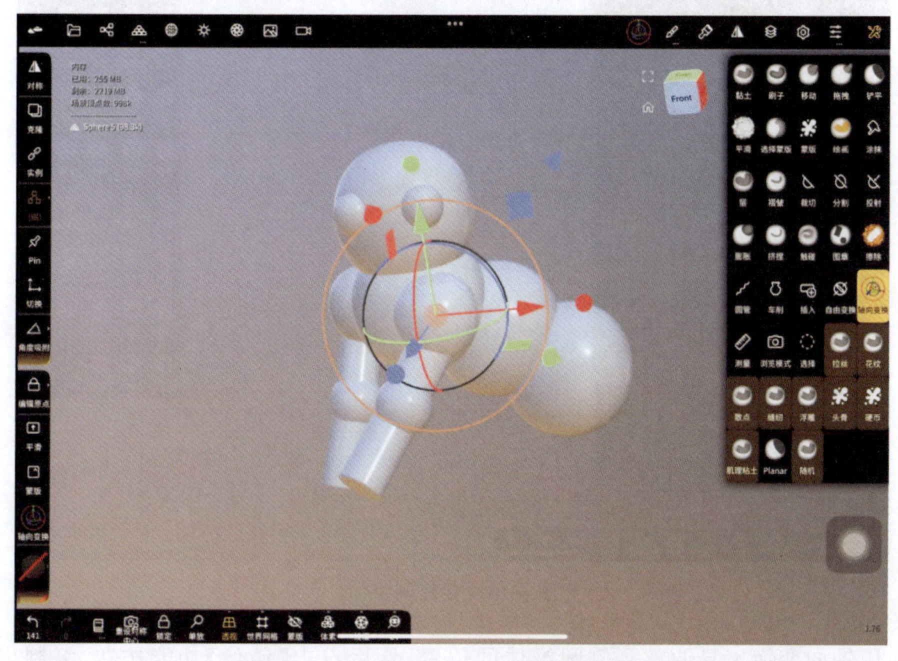

图 6-12　完成肘部和腿部模型的制作

步骤 9 在偏顶视图视角使用轴向变换工具将臀部球体进行复制和移动（图 6-13）。

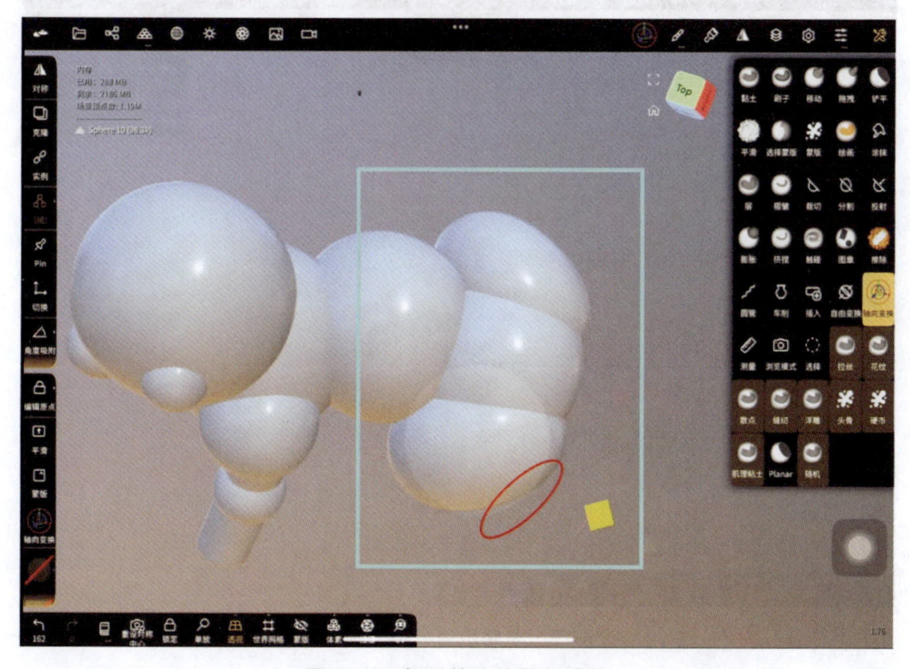

图 6-13　复制并移动臀部球体

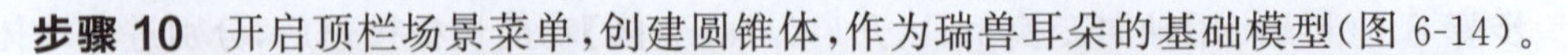

步骤 10 开启顶栏场景菜单，创建圆锥体，作为瑞兽耳朵的基础模型(图 6-14)。

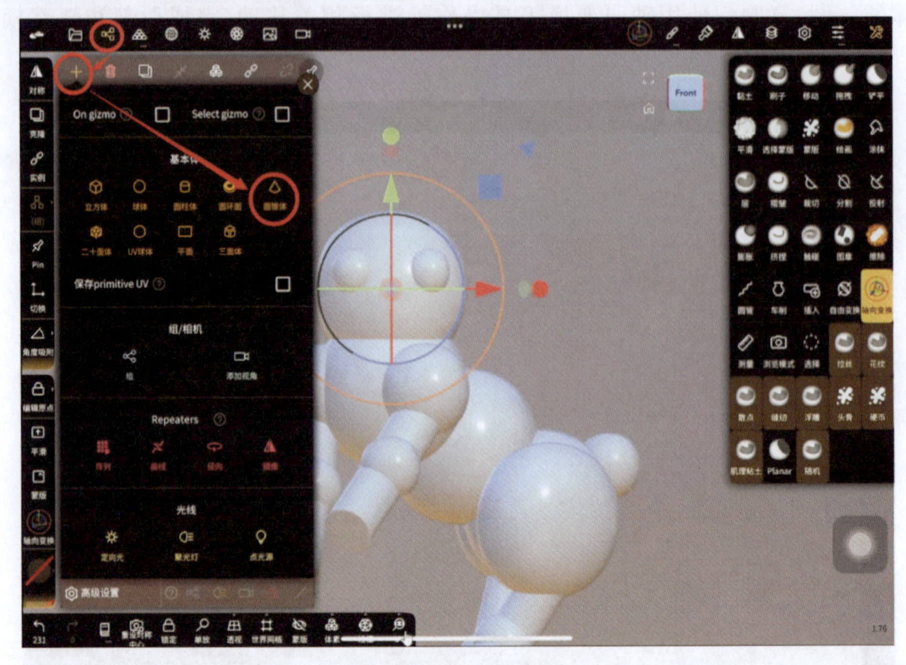

图 6-14 创建圆锥体

使用轴向变换工具调整一侧圆锥体的位置，然后点击【镜像】功能按钮，复制出另一侧耳朵模型(图 6-15)。

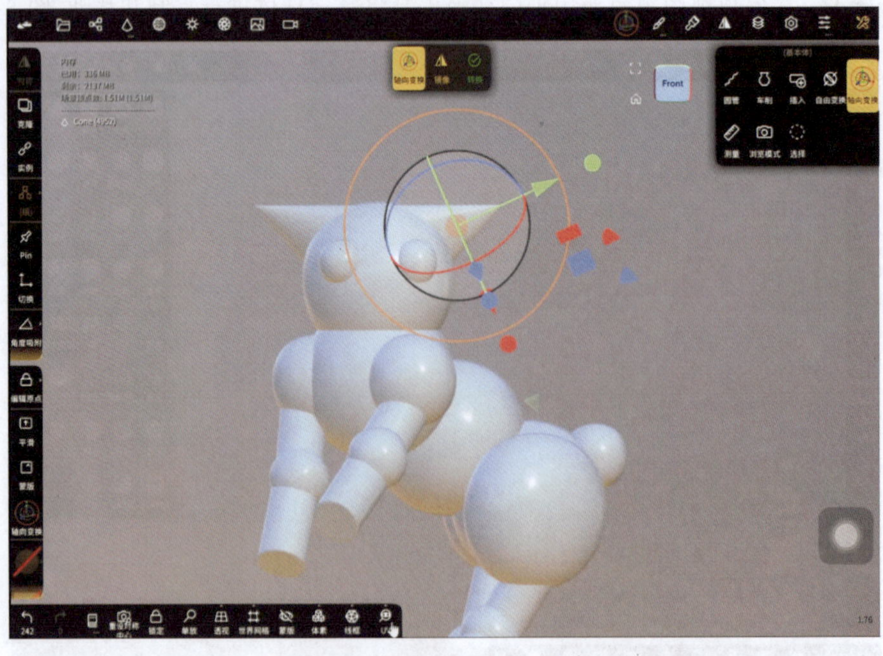

图 6-15 复制出另一侧耳朵模型

步骤 11 用笔点击头部球体，使用拖拽笔刷，向外拖拽出瑞兽的嘴、鼻部位(图 6-16)。

注意 界面左栏【对称】功能快捷按钮应处于开启状态。

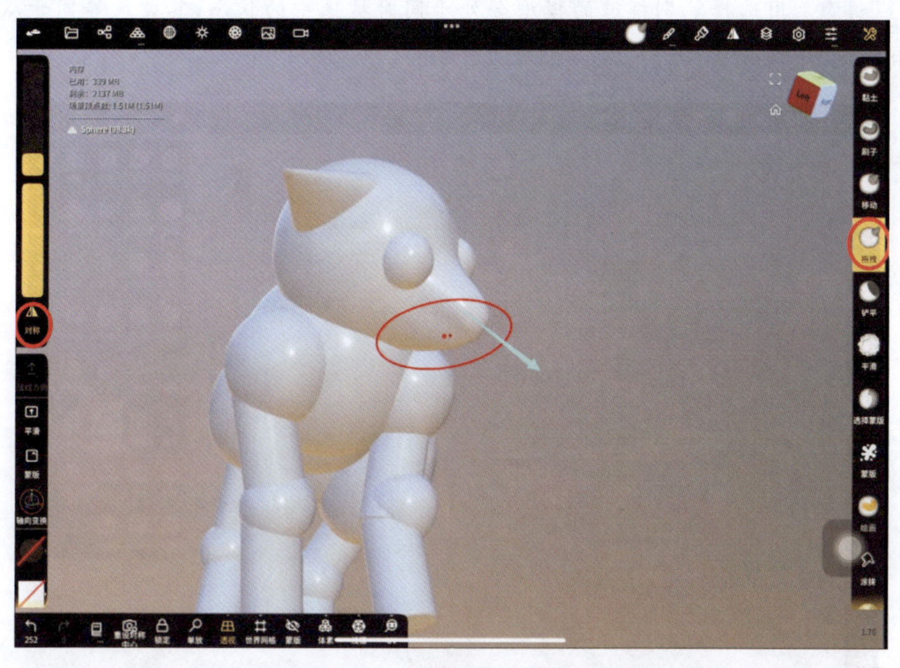

图 6-16 向外拖拽头部球体

步骤 12 使用黏土笔刷，关闭界面左栏【反向】功能快捷按钮后，对面颊颧骨区域和眼皮区域进行雕刻(图 6-17)。

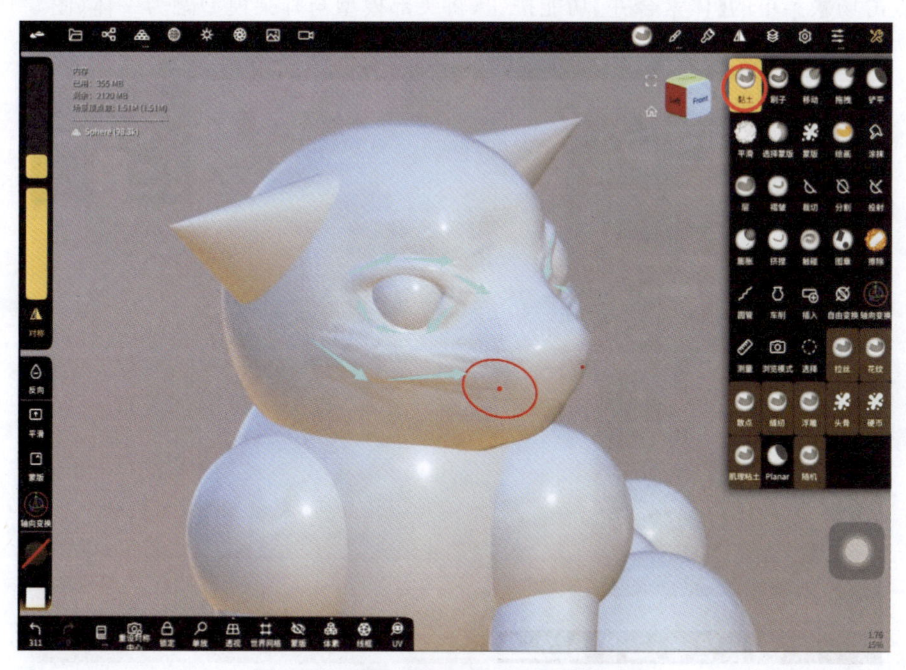

图 6-17 雕刻面颊颧骨区域和眼皮区域

步骤 13 开启选择笔刷，点击界面左栏【套索】功能快捷按钮，框选头部球体和耳朵锥体模型（图 6-18）。

注意 用选择笔刷框选的模型会处于同时被选中的状态，其效果等同于从场景菜单中依次勾选。

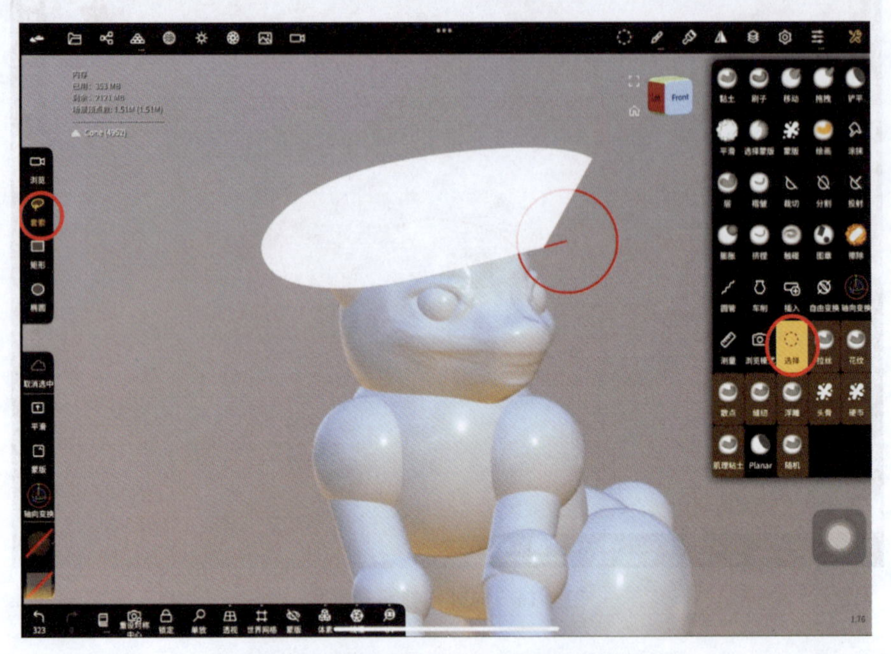

图 6-18 框选头部球体和耳朵锥体模型

点击场景菜单的【体素合并】功能按钮，将头部模型与耳朵模型融为一体（图 6-19）。

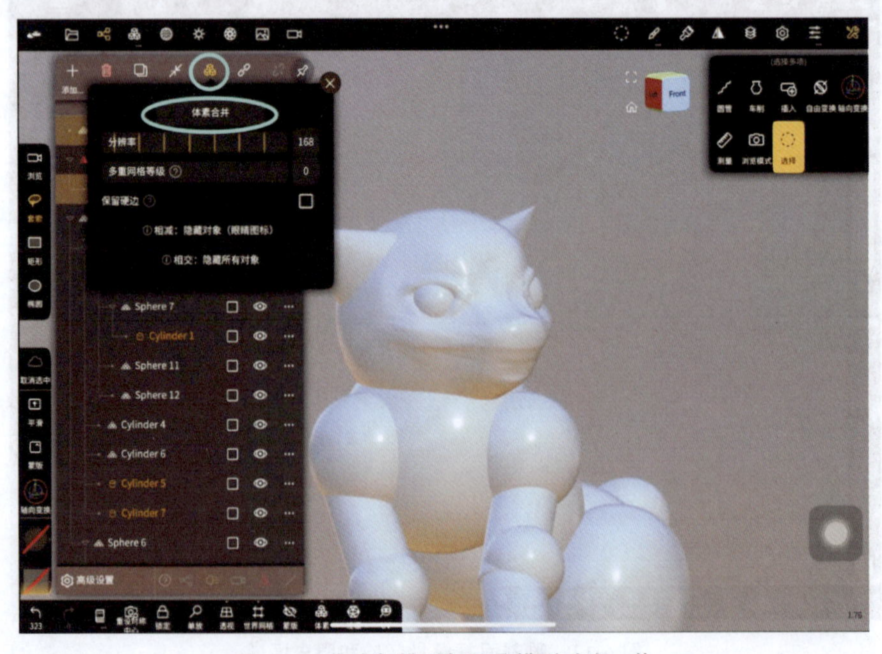

图 6-19 将头部模型与耳朵模型融为一体

如果弹出了【高分辨率将丢失！】的提示，点击【好】（图 6-20）。

注意 点击【体素合并】后，模型融合的效果由分辨率参数决定，这里为了保证融合后的平滑效果，可以关掉【保留硬边】选项。

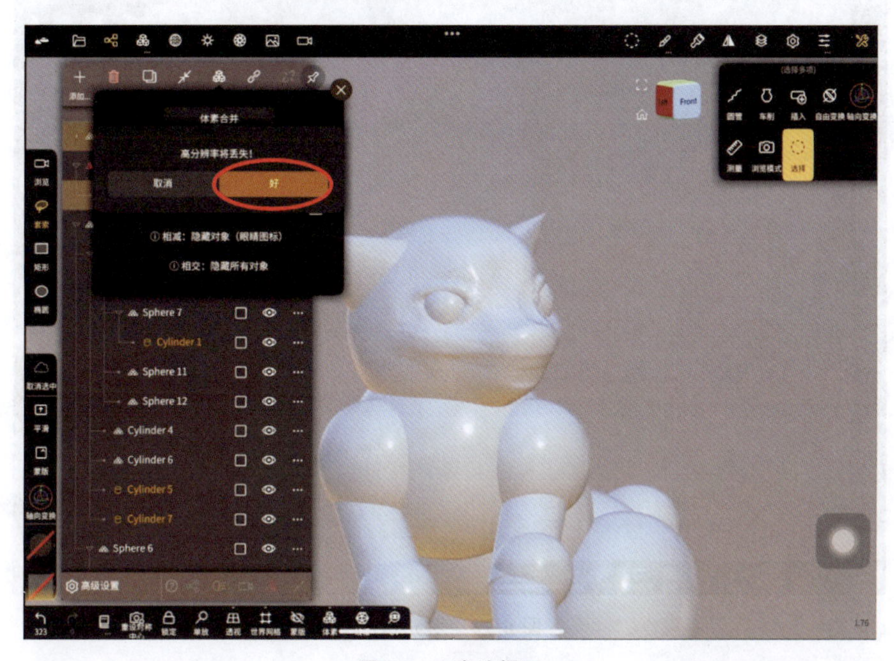

图 6-20　确认提示

步骤 14　选择黏土笔刷，对耳朵的结构进行进一步雕刻，耳廓作加法雕刻，耳洞作减法雕刻。再对耳朵和头部的接缝处作过渡雕刻处理（图 6-21）。

图 6-21　进一步雕刻耳朵结构

步骤 15 使用黏土笔刷，开启界面左栏【反向】功能快捷按钮后，对头部两腮处作填充处理(图 6-22)。

图 6-22 填充两腮

步骤 16 使用褶皱笔刷，将嘴缝雕刻出来。雕刻时应先从上到下，再从内向外进行(图 6-23)。下笔的时候要注意手法，从轻到重。

图 6-23 雕刻嘴缝

步骤 17 使用选择蒙版工具，点击界面左栏【套索】功能快捷按钮，打开笔刷设定面板，选择 Filter 子面板，开启【只影响对象表面】功能选项，进行鼻子部位的蒙版绘制（图 6-24）。

注意 如果没开启【只影响对象表面】功能选项，在绘制完蒙版后，后脑勺部位就会有多余的蒙版产生。

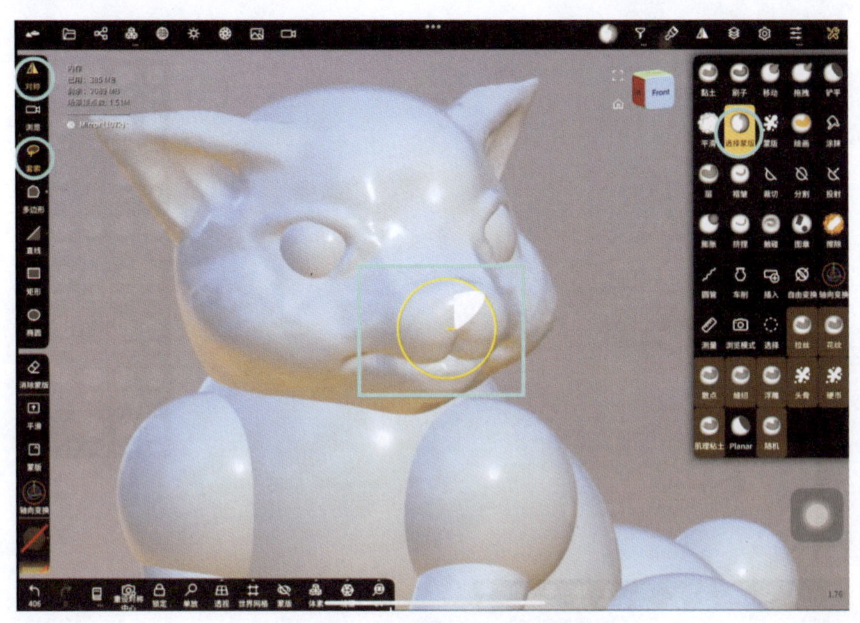

图 6-24　绘制鼻子部位的蒙版

绘制完鼻子部位的蒙版后，开启选择蒙版设置面板，设定好抽壳厚度参数后，点击【抽壳】功能按钮，完成鼻子部位的抽壳（图 6-25）。

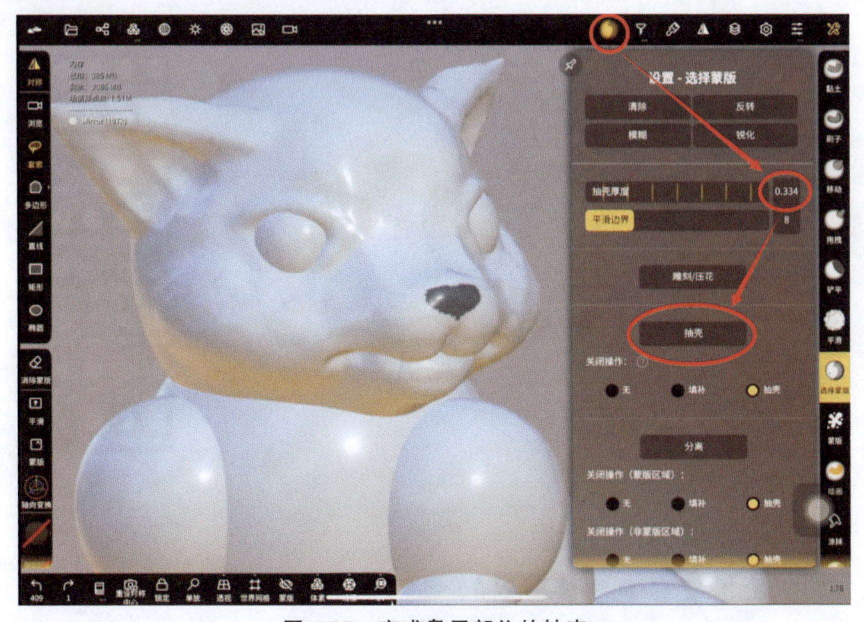

图 6-25　完成鼻子部位的抽壳

步骤 18 先使用铲平笔刷对鼻子模型的棱角进行倒角处理，然后使用平滑笔刷对鼻子模型整体进行抛光打磨处理(图 6-26)。

注意 使用平滑笔刷抛光打磨后，如果效果不明显，可以适当使用界面底栏的【体素重构】功能快捷按钮进行处理，分辨率越低，体素重构后物体的面数就越少，平滑笔刷的效果就越明显。

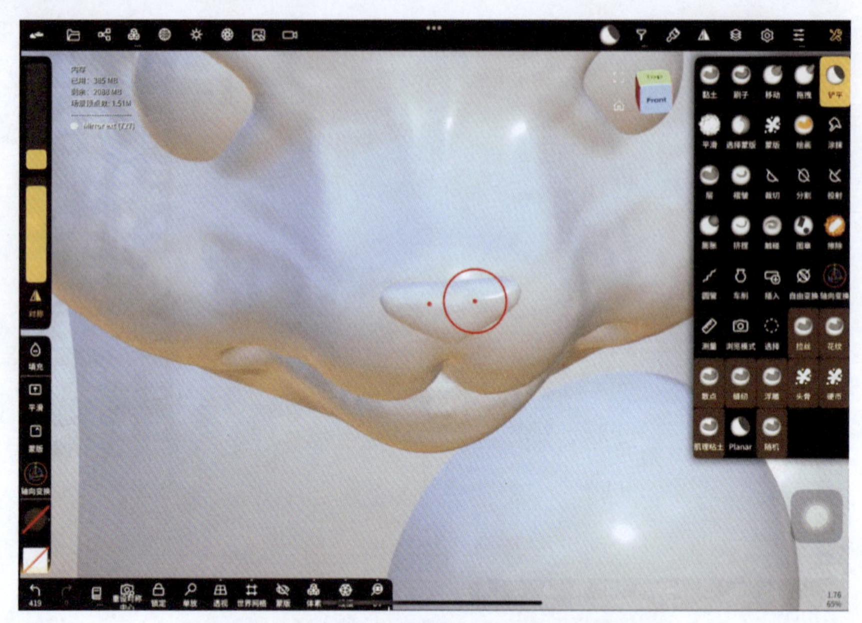

图 6-26　对鼻子模型进行倒角和抛光打磨处理

步骤 19 先使用褶皱笔刷对眉弓和眼窝处进行细化雕刻，然后使用平滑笔刷对刚刚雕刻过的部位进行平滑处理(图 6-27)。

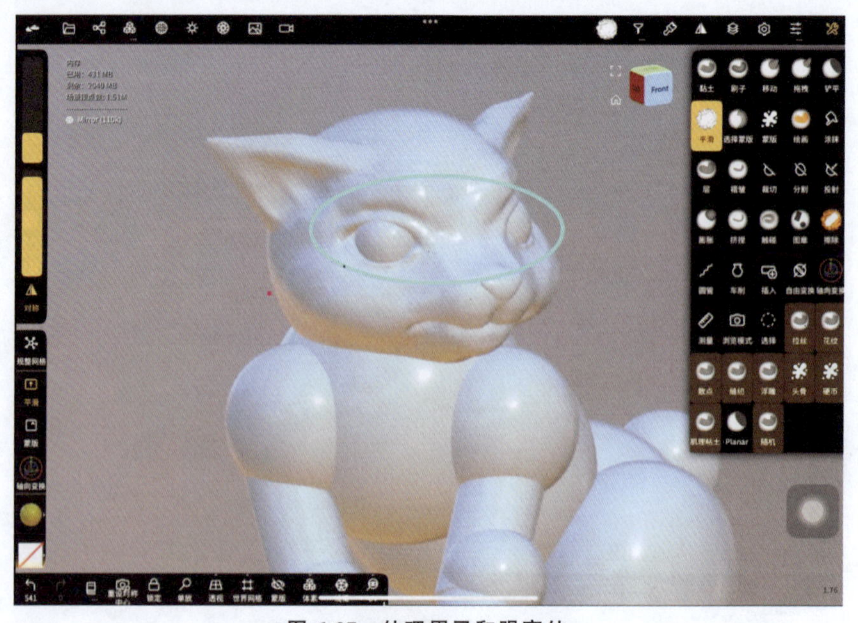

图 6-27　处理眉弓和眼窝处

步骤 20 开启顶栏场景菜单，创建圆锥体，作为牙齿的基础模型。使用轴向变换工具调整圆锥体的位置，然后使用拖拽笔刷对其形状进行细节调整（图 6-28），最后点击【镜像】功能按钮完成牙齿模型的对称复制。

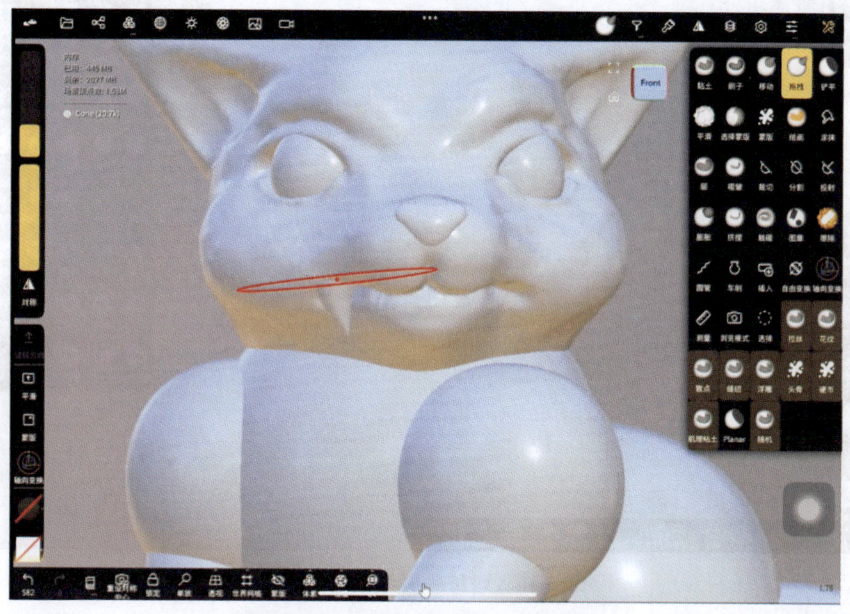

图 6-28 对牙齿形状进行细节调整

步骤 21 使用选择蒙版工具，点击界面左栏【套索】功能快捷按钮，打开笔刷设定面板，选择 Filter 子面板，开启【只影响对象表面】功能选项，然后进行头顶毛发部位的蒙版绘制。完成后，开启选择蒙版设置面板，设定好抽壳厚度参数后，点击【抽壳】功能按钮，完成头顶毛发部位的抽壳（图 6-29）。此处操作方式类似于步骤 17。

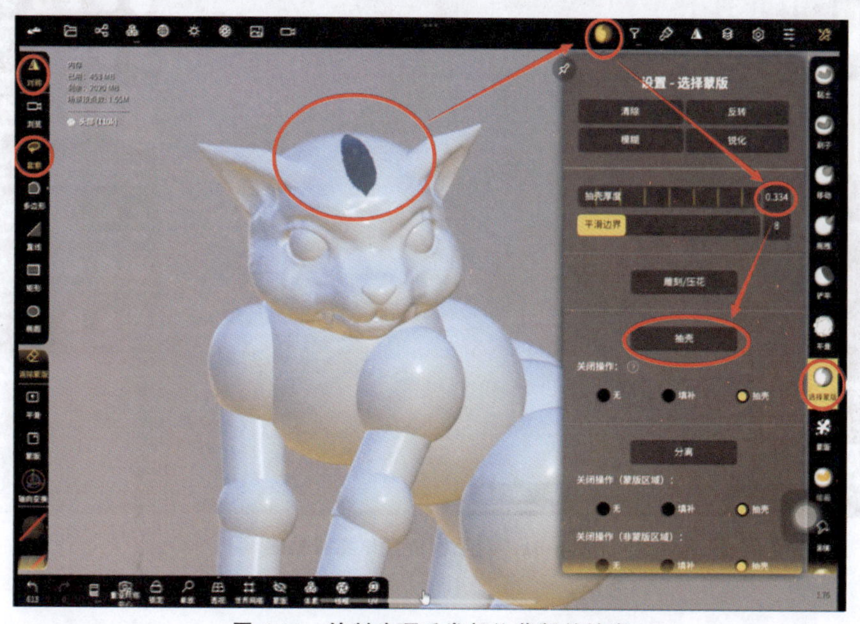

图 6-29 绘制头顶毛发部位蒙版并抽壳

在侧视图视角，使用拖拽笔刷对头顶毛发模型进行形态调整(图 6-30)。

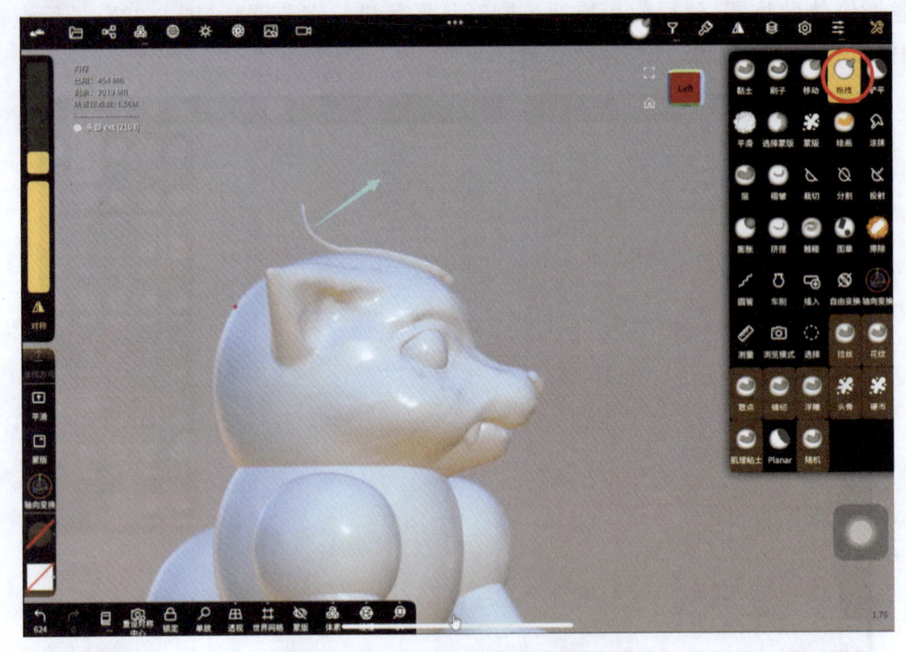

图 6-30　调整头顶毛发模型形态

步骤 22　将画面调整到正视图方向偏俯视视角，使用膨胀笔刷对头顶毛发模型的根部进行膨胀处理，使其立体、饱满(图 6-31)。

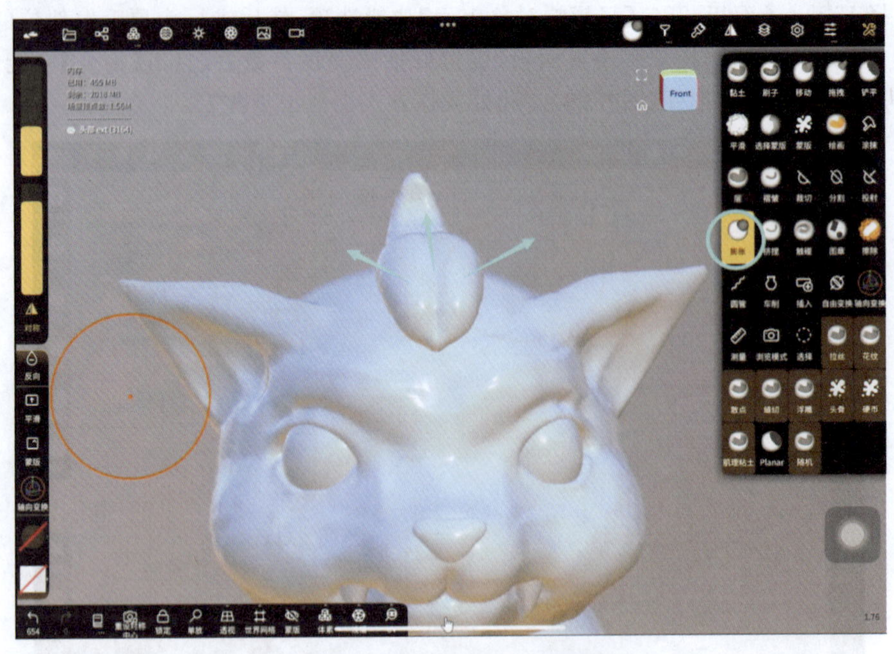

图 6-31　对毛发模型作膨胀处理

步骤 23 使用褶皱笔刷，开启界面左栏【反向】功能快捷按钮后，在头顶毛发模型上进行棱角雕刻，雕刻方向如图 6-32 所示，整体呈现“S”形线条走势。

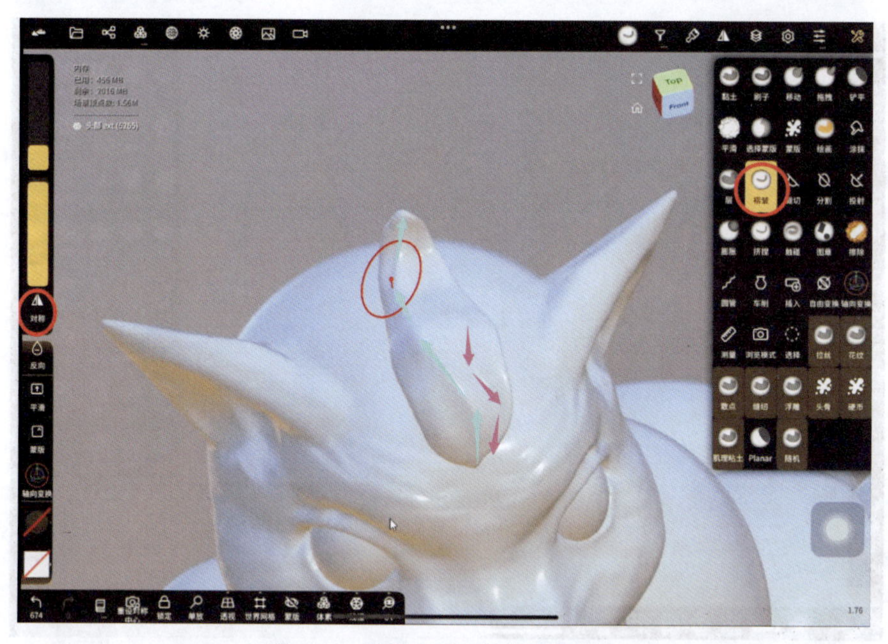

图 6-32 雕刻头顶毛发模型的棱角

步骤 24 使用黏土笔刷，开启界面左栏【克隆】功能快捷按钮后，将已完成细节雕刻的头顶毛发模型进行移动复制和形状缩放。然后关闭界面左栏【对称】功能快捷按钮，使用拖拽笔刷对三片毛发模型进行调整，使其呈现出非对称的自然造型，每片毛发都有各自独特的形态(图 6-33)。

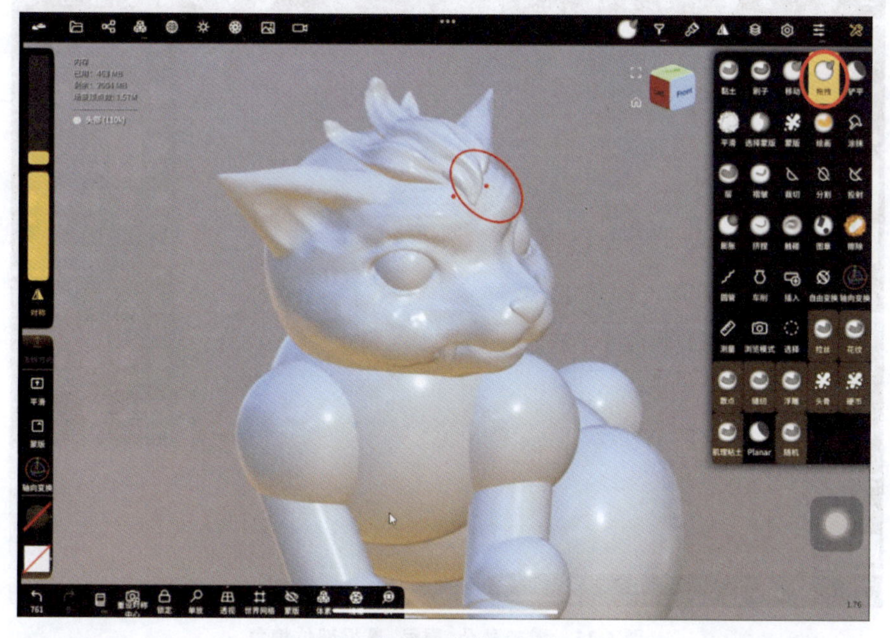

图 6-33 复制毛发并调整其形态

步骤 25 与步骤 24 操作方式类似，选中毛发模型后，使用黏土笔刷配合克隆功能继续进行复制，并使用拖拽笔刷调整其形态，最后完成面部两侧毛发模型的制作（图 6-34）。

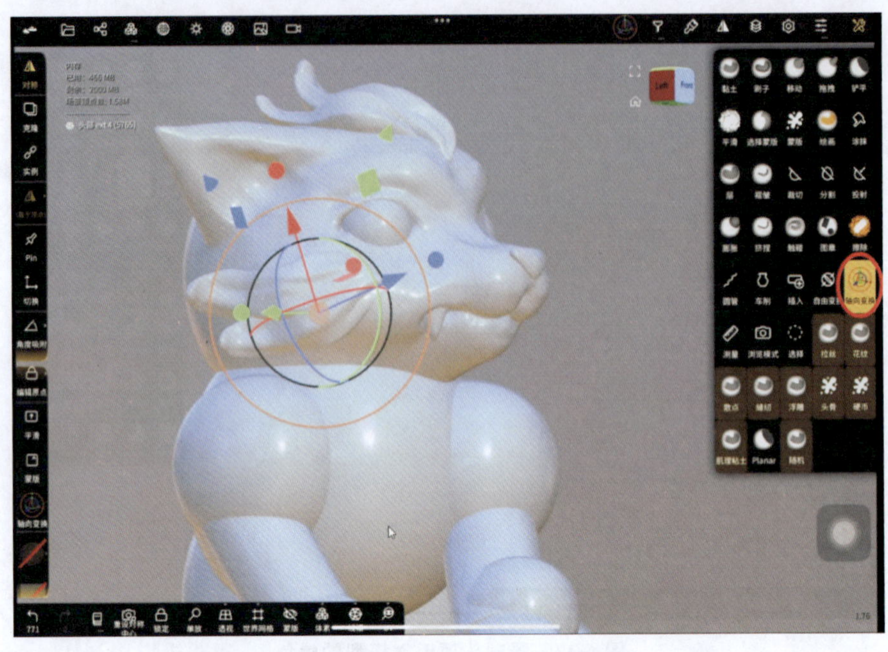

图 6-34 完成面部两侧毛发模型的制作

步骤 26 使用笔单击选中头部模型后，使用褶皱笔刷，开启界面左栏【反向】功能快捷按钮后，加强对耳朵、眉弓、鼻梁部位棱角的雕刻处理，这样可以让瑞兽造型看起来更硬朗利索（图 6-35）。至此，头部雕刻全部完成。

图 6-35 雕刻耳朵、眉弓、鼻梁部位棱角

步骤 27 使用界面右栏的方位视图控制器将视角转换至正视图，使用选择笔刷将头部所有模型都选中后，开启轴向变换工具(图 6-36)。

注意 因为步骤 26 已经完成头部的雕刻操作，后期不再需要进行对称相关处理，所以从这一步开始就可以通过轴向变换工具进行相对自由的形态调整了。

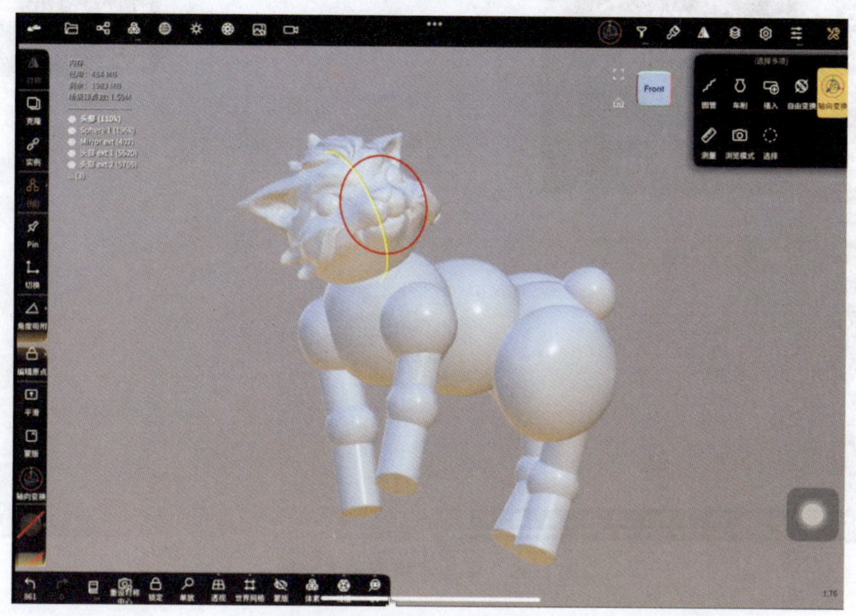

图 6-36 开启轴向变换工具

调整瑞兽头部姿态，使其微微下垂，呈现回首低头的姿态，这样整个造型看起来会更可爱(图 6-37)。

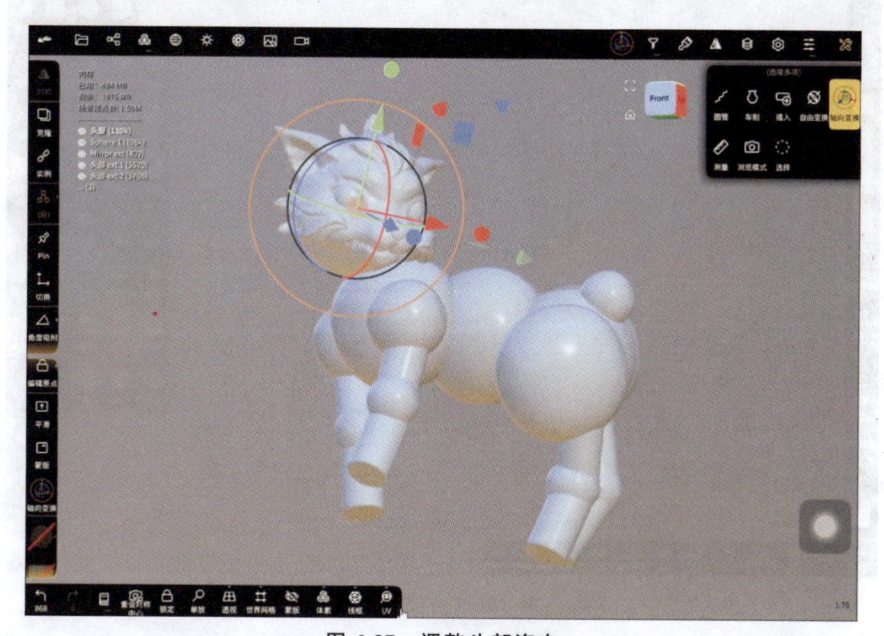

图 6-37 调整头部姿态

步骤 28 开启选择笔刷，点击界面左栏【套索】功能快捷按钮，框选全部身体模型。然后点击场景菜单的【体素合并】功能按钮，将所有身体模型融为一体（图 6-38）。

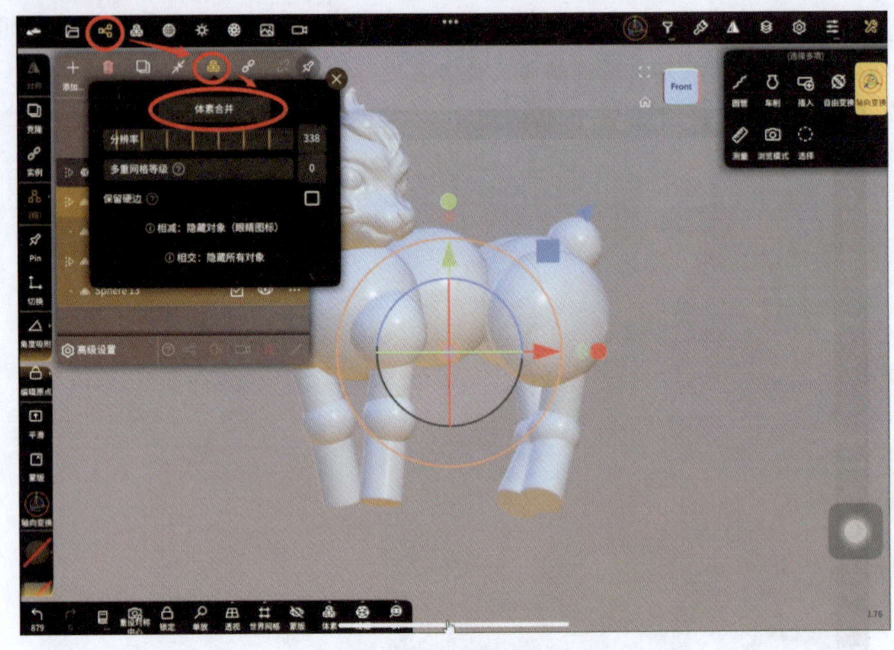

图 6-38　将身体模型融为一体

步骤 29 使用黏土笔刷对身体进行填充雕刻，把之前球体间的缝隙填满。胸部沿上下方向雕刻，身体中部沿左右方向雕刻（图 6-39）。

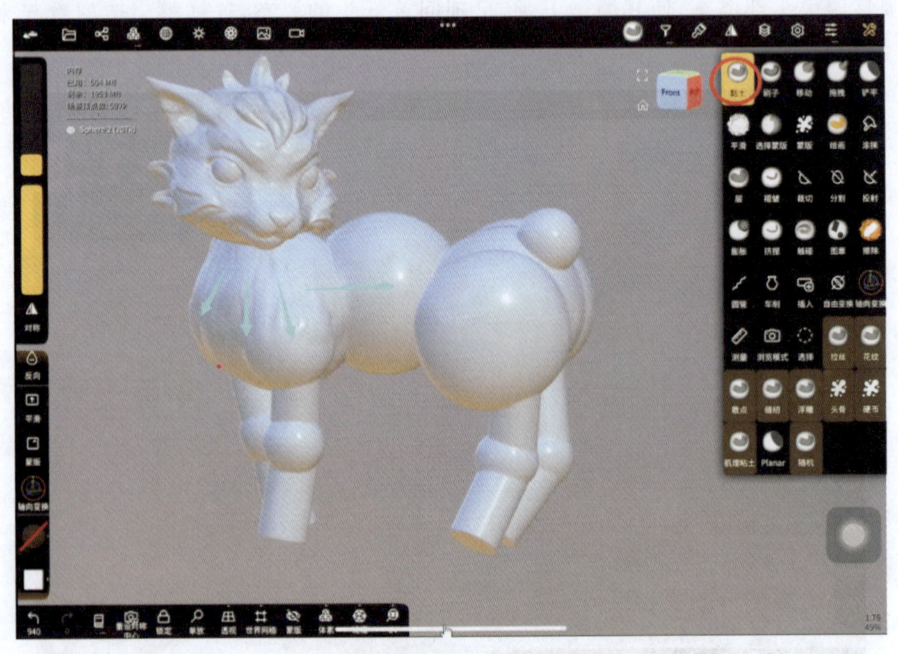

图 6-39　雕刻胸部和身体中部

步骤 30 对背部也采取同样的方式，使用黏土笔刷进行雕刻，雕刻时须注意脊椎和肌肉因为扭头的姿态而产生的起伏变化（图 6-40）。

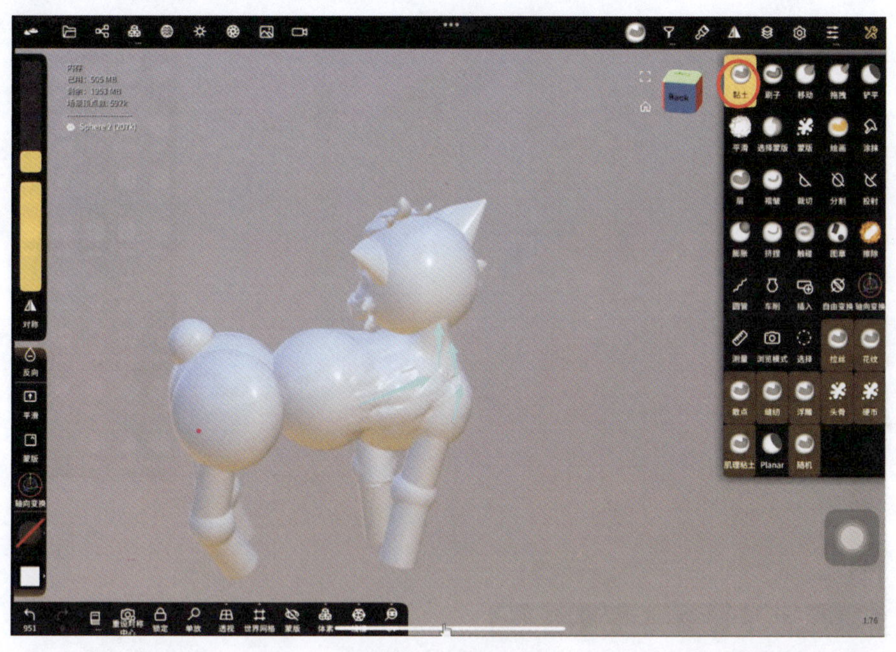

图 6-40 雕刻背部

步骤 31 继续使用黏土笔刷对整个身体进行细化雕刻，注意根据图 6-41 所示肌肉走向进行雕刻。

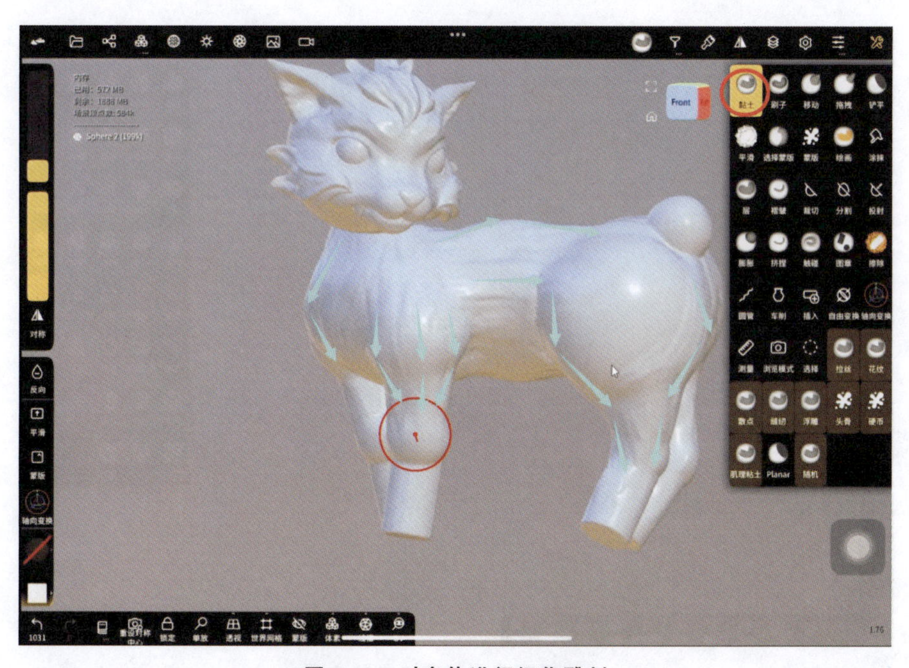

图 6-41 对身体进行细化雕刻

步骤 32 选择铲平笔刷，对臂部等身体上较为平整的大面进行拍平处理，让造型显得更为扎实，体现雕塑的力量感(图 6-42)。

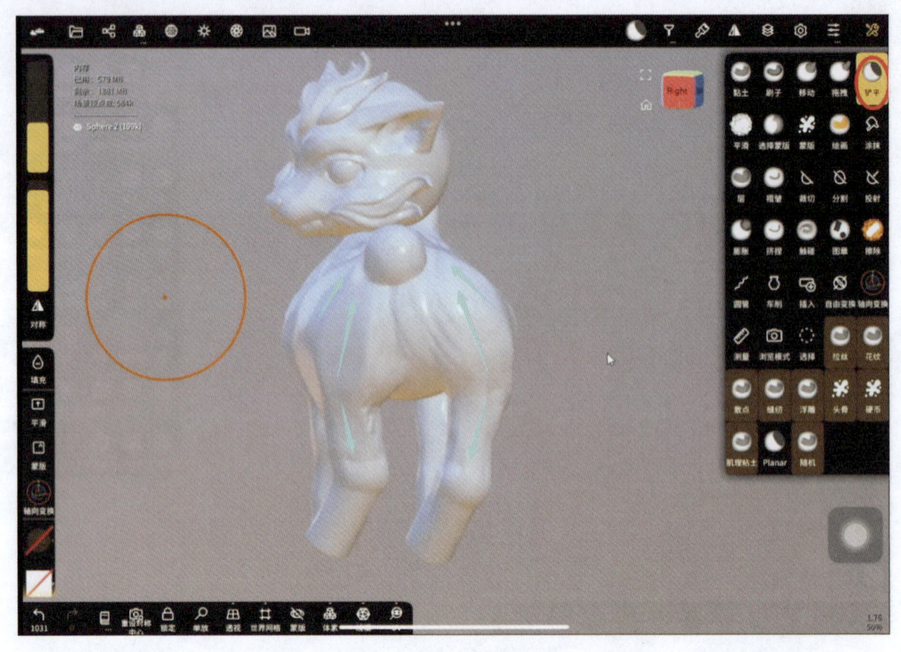

图 6-42 对臀部大面进行拍平处理

步骤 33 开启选择笔刷，框选头部全部模型后，使用轴向变换工具进行头部位置和动态的进一步优化调整(图 6-43)。这里进行了向上移动处理，可以让颈部显得更修长。

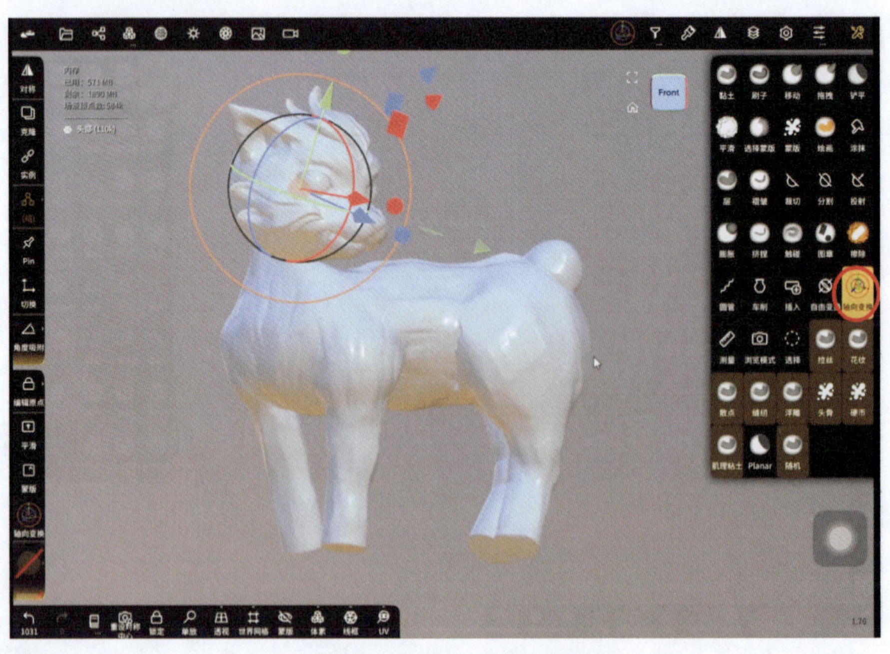

图 6-43 调整头部位置和动态

接着，开启渲染模式菜单，选择材质捕捉模式，将画面调整为黏土效果，以便更好地观察模型的光影结构（图 6-44）。

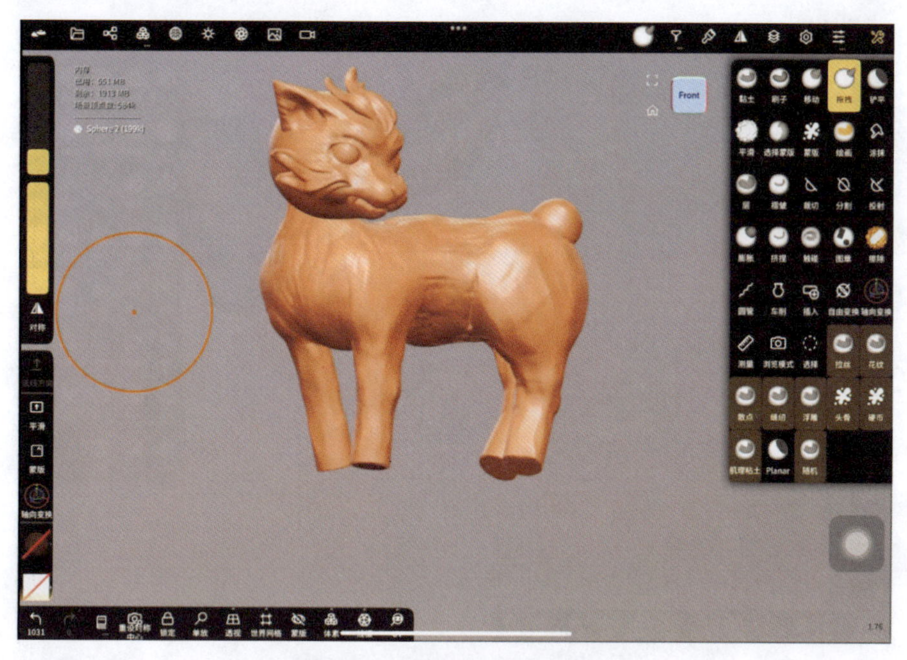

图 6-44 将画面调整为黏土效果

步骤 34 使用顶栏场景菜单创建球体，选择界面右栏的裁切笔刷，点击界面左栏【填补孔洞】和【矩形】功能快捷按钮，将刚刚新建的球体模型底部裁切掉，这样就完成了脚掌基础模型的制作（图 6-45）。

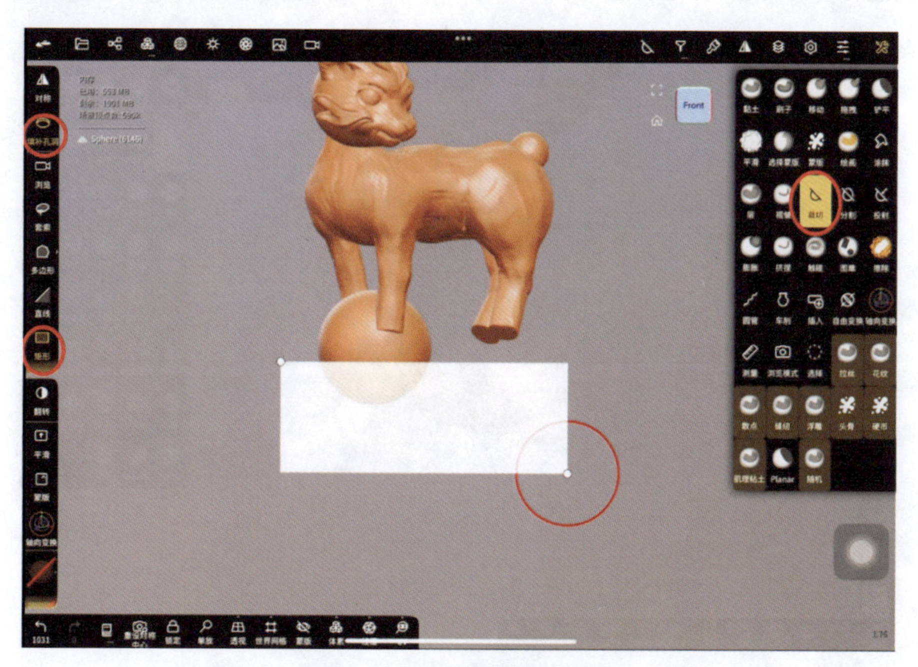

图 6-45 制作脚掌基础模型

步骤 35 选择轴向变换工具，开启界面【克隆】功能快捷按钮，复制脚掌基础模型，然后在偏顶视图视角对复制体的大小和位置进行调整，得到一个完整的脚部模型（图 6-46）。

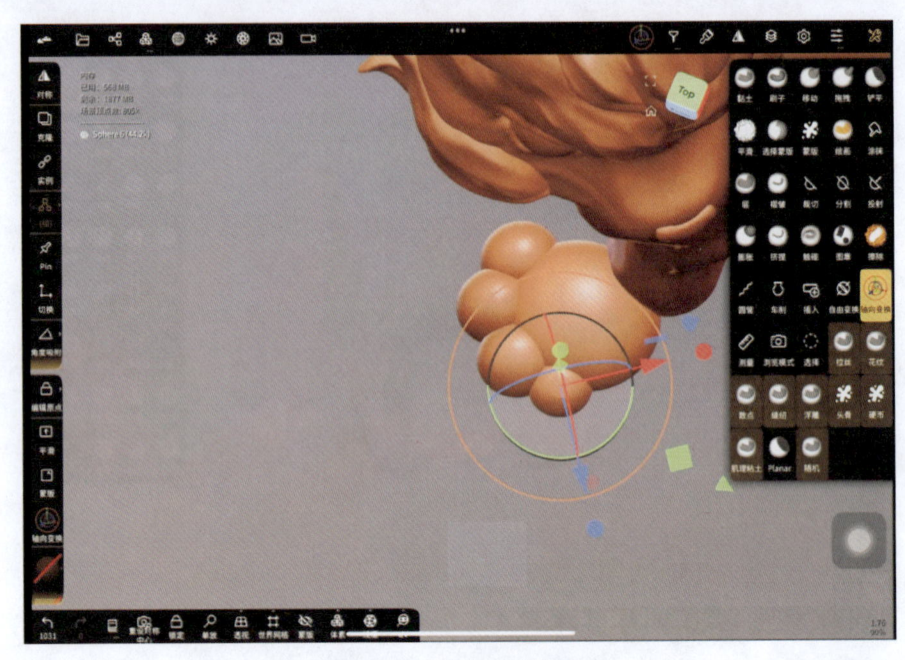

图 6-46 制作脚部模型

步骤 36 开启选择笔刷，选择界面左栏【套索】功能快捷按钮，框选全部脚部模型。然后点击场景菜单的【体素合并】功能按钮，将所有脚部模型融为一体，随后使用平滑笔刷对其进行平滑处理，弱化接缝（图 6-47）。

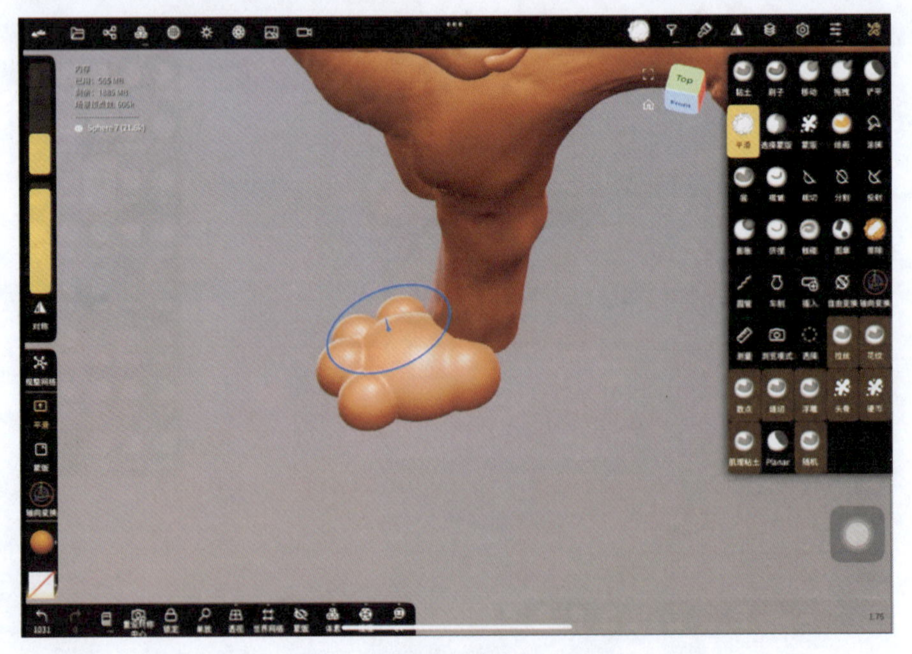

图 6-47 将脚部模型融为一体

步骤 37 选择轴向变换工具，开启界面【克隆】功能快捷按钮后，复制出另外三个脚部模型（图 6-48）。

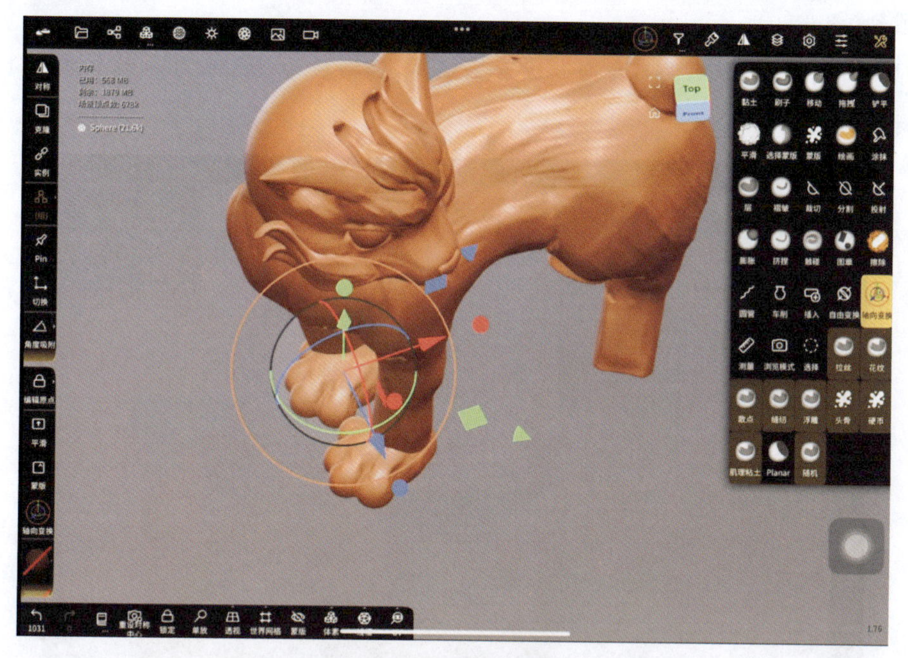

图 6-48 复制脚部模型

复制时要注意，后腿的脚掌可以适当比前腿脚掌大一些（图 6-49）。

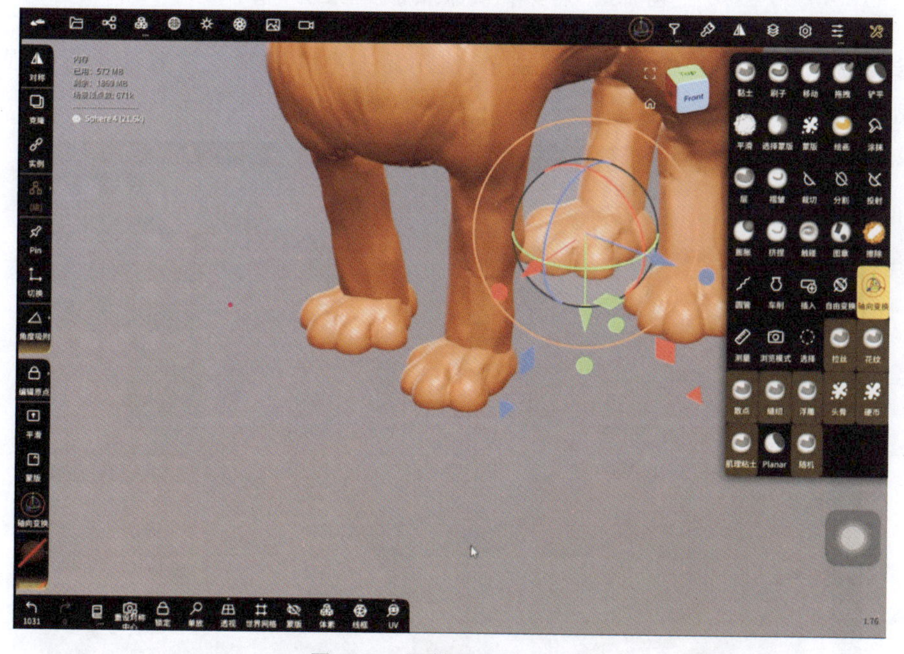

图 6-49 调整后腿脚掌大小

步骤 38 开启选择笔刷，选择界面左栏【套索】功能快捷按钮，框选全部身体、头部、脚部模型。然后点击场景菜单的【体素合并】功能按钮，将全部所选模型融为一体，方便整体雕刻(图 6-50)。

注意 眼球和毛发不参与体素合并运算，否则后面就无法对这两个部位进行独立的材质赋予。

图 6-50 将身体、头部、脚部模型融为一体

步骤 39 将视图切换至背视图视角，使用黏土笔刷对脊椎和肩部进行加强雕刻(图 6-51)。

图 6-51 加强脊椎和肩部的雕刻

完成后，继续使用黏土笔刷沿着垂直于脊椎的走向进行颈部肌肉的填充(图 6-52)。

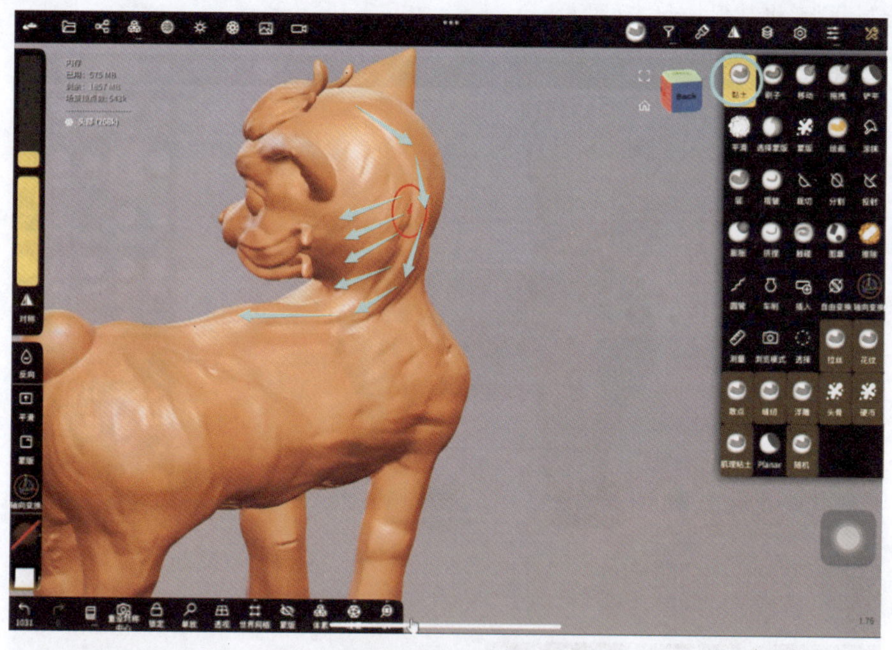

图 6-52　填充颈部肌肉

步骤 40　将视角切换至图 6-53 所示角度，使用黏土笔刷加强对胸锁乳突肌结构的雕刻，这一步的肌肉雕刻可以凸显因回头而呈现的身体构造变化(图 6-53)。

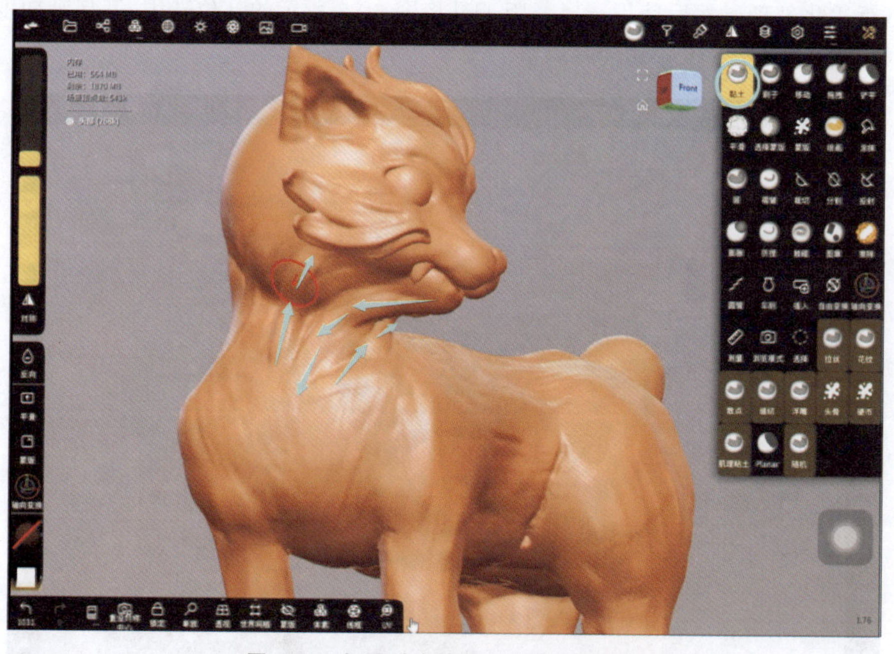

图 6-53　加强对胸锁乳突肌结构的雕刻

步骤 41 使用选择蒙版工具，选择界面左栏【套索】功能快捷按钮，在除头部以外的部位绘制蒙版，将其保护起来（图 6-54）。

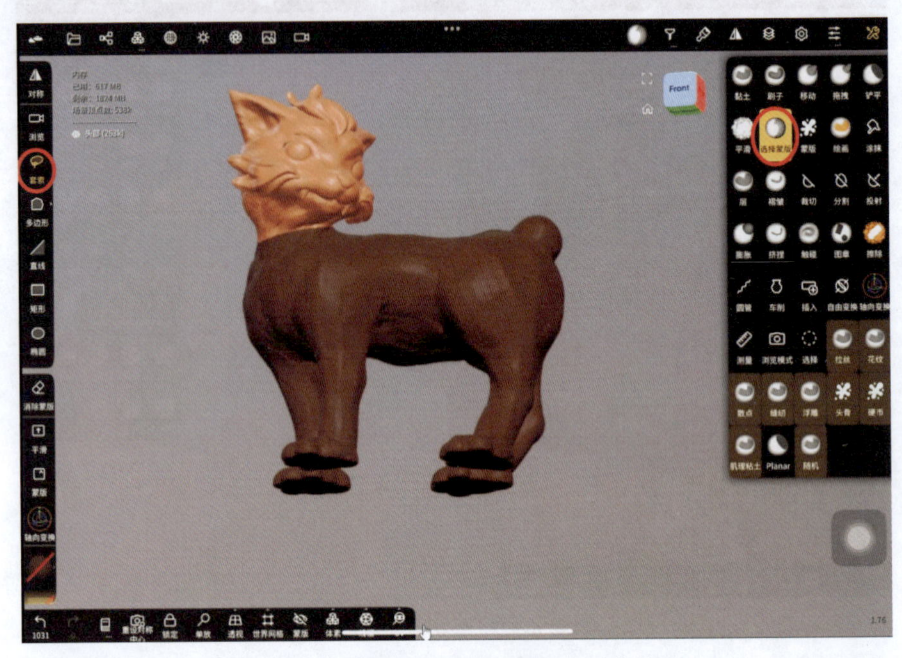

图 6-54 在除头部以外的部位绘制蒙版

步骤 42 开启选择蒙版工具的笔刷选取设置面板，点击【模糊】功能按钮，对蒙版的边缘进行柔化处理。然后使用选择蒙版工具将图 6-55 所示的部位选中，开启轴向变换工具，继续进行进一步的位置和动态调整。

图 6-55 处理蒙版边缘

步骤 43 使用与步骤 42 相同的方式，继续调整腿部长短比例和动态（图 6-56）。

图 6-56 调整腿部长短比例和动态

步骤 44 使用与步骤 42 相同的方式，利用轴向变换工具的单方向缩放功能，继续调整脚部的厚度比例和动态（图 6-57）。

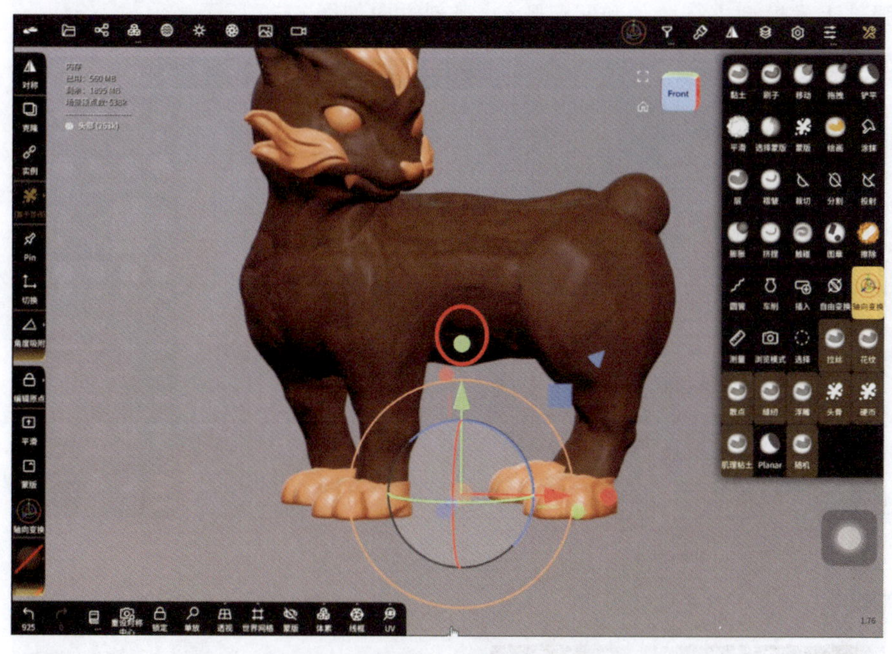

图 6-57 调整脚部的厚度比例和动态

步骤 45 使用黏土笔刷雕刻出腿部和脚部相接处的毛发。雕刻方向是顺着腿部向下辐射展开(图 6-58)。

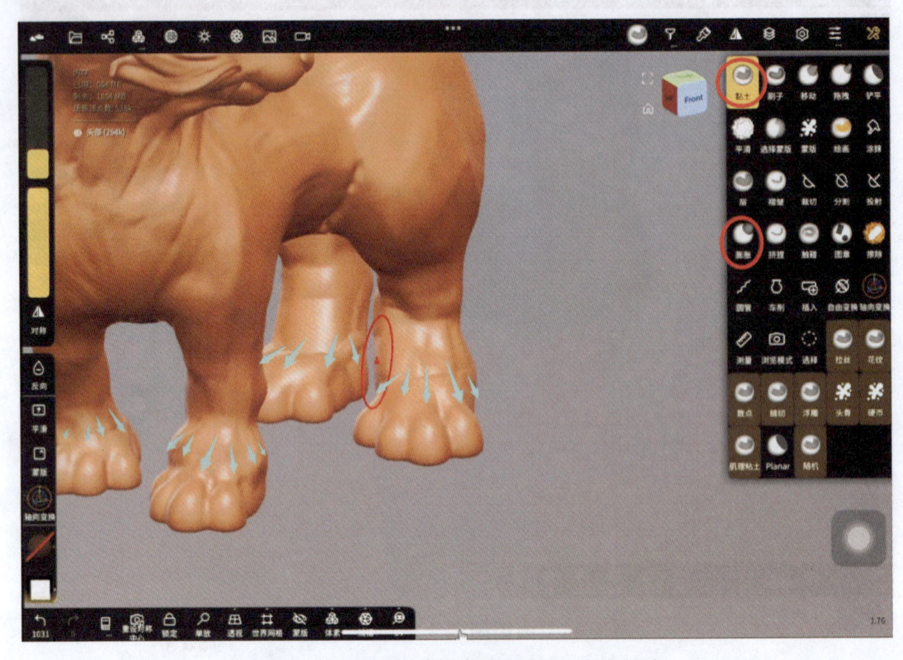

图 6-58 雕刻出腿部和脚部相接处的毛发

步骤 46 开启褶皱笔刷,在界面左栏【反向】功能快捷按钮的开启和关闭模式中切换,对腿部毛发模型进行棱角和凹痕雕刻,雕刻方向如图 6-59 所示。

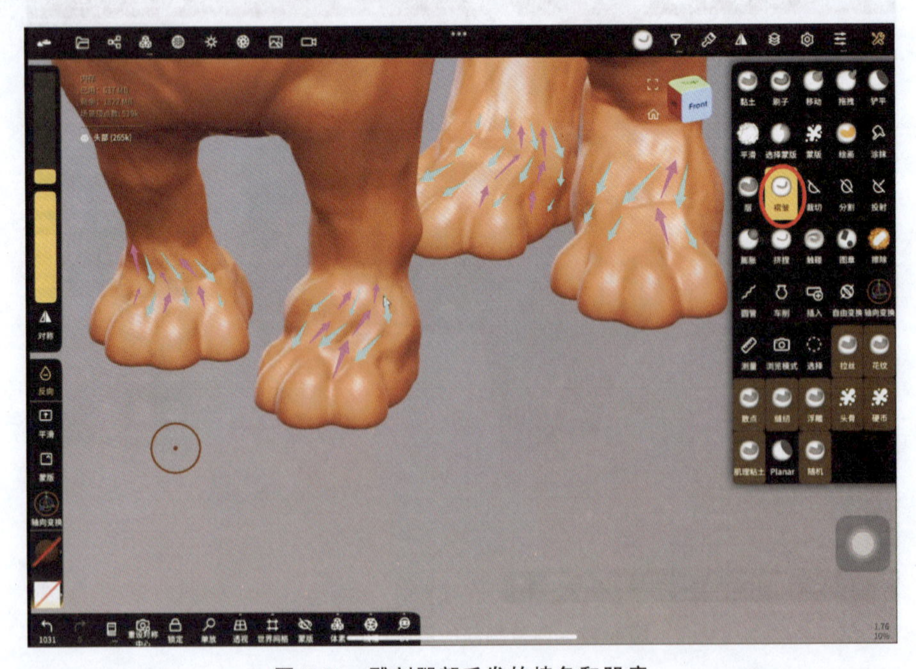

图 6-59 雕刻腿部毛发的棱角和凹痕

步骤 47 用笔点击选中身体后，使用选择蒙版工具，开启界面左栏【套索】功能快捷按钮，绘制胸前毛发区域蒙版，接着开启选择蒙版设置面板，设定好抽壳厚度参数后，点击【抽壳】功能按钮，完成胸前毛发区域的抽壳（图 6-60）。

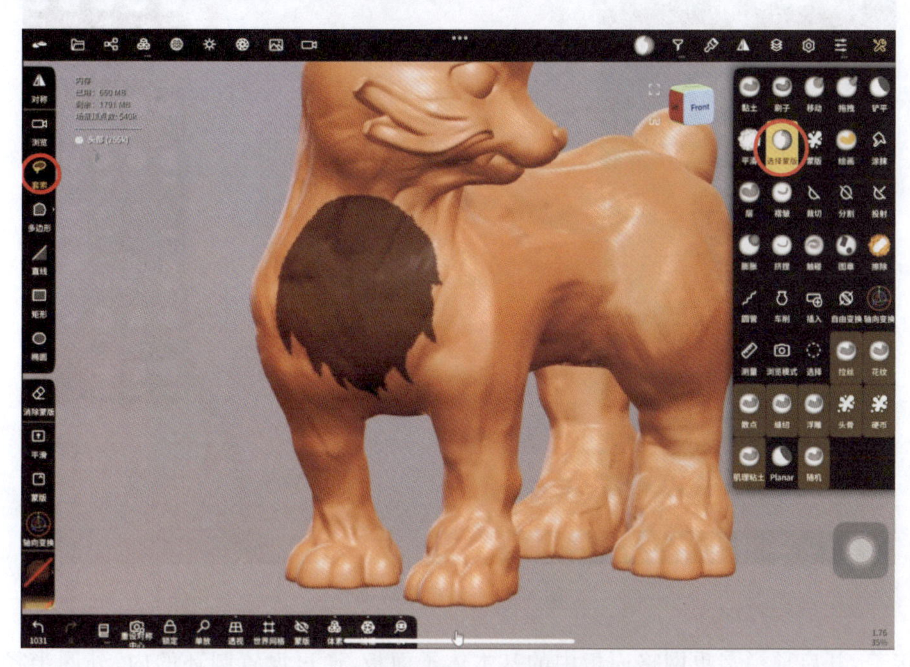

图 6-60　绘制胸前毛发区域蒙版并抽壳

使用褶皱笔刷，开启界面左栏【反向】功能快捷按钮后，在胸前毛发模型上进行有层次的棱角雕刻，雕刻方向如图 6-61 所示，使每层毛发呈现鱼鳞状叠压关系。

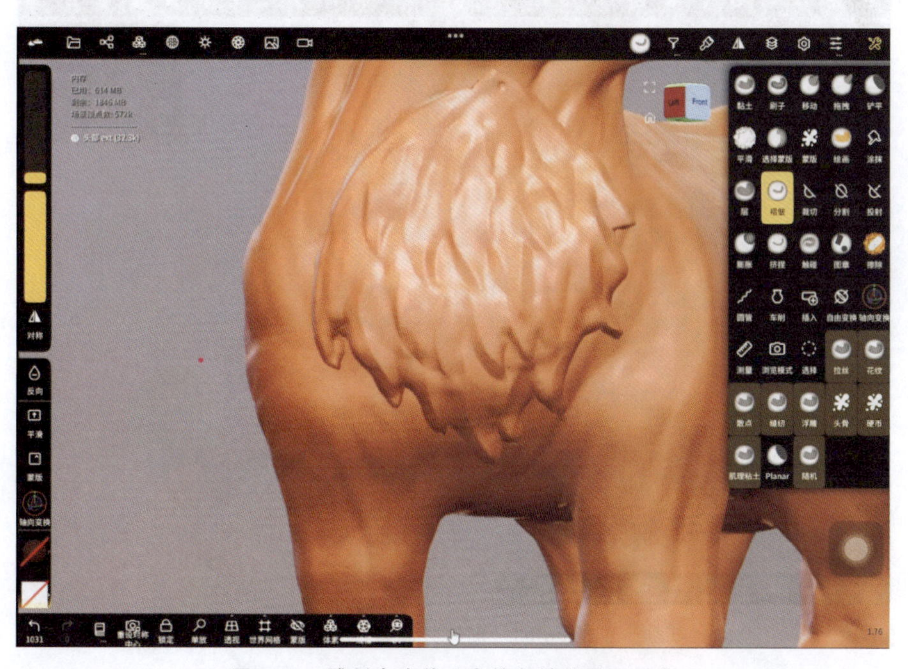

图 6-61　雕刻出胸前毛发的鱼鳞状叠压形态

步骤 48 开启顶栏场景菜单，创建圆环面（图 6-62）。

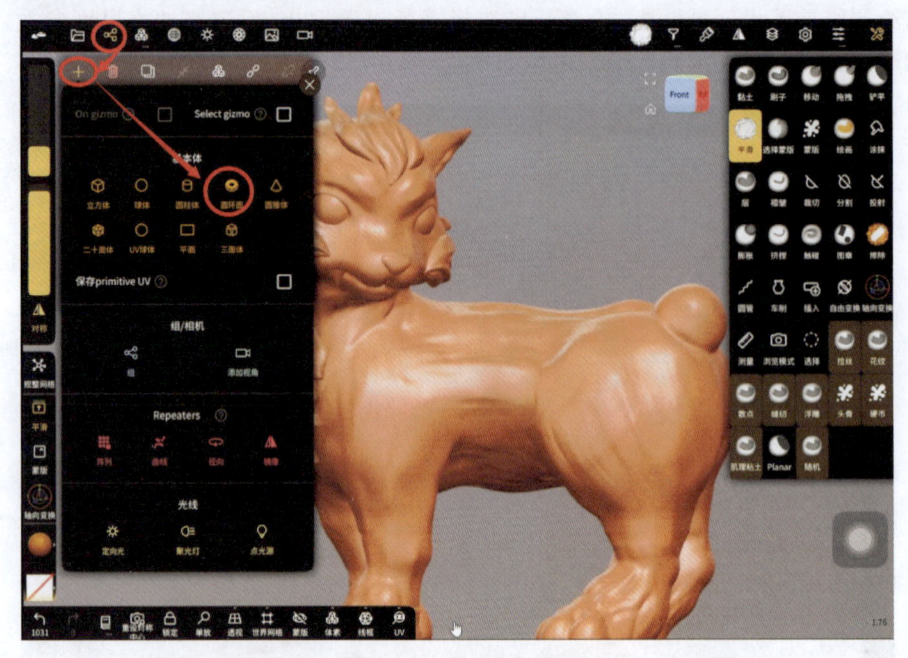

图 6-62 创建圆环面

接着，开启顶栏多重网格面板中的基本体子面板，通过设置圆环的内、外圈半径参数来调整圆环粗细和大小的比例关系。接着，点击顶部浮动工具栏中的【转换】功能按钮，完成圆环的最终创建和调整（图 6-63）。

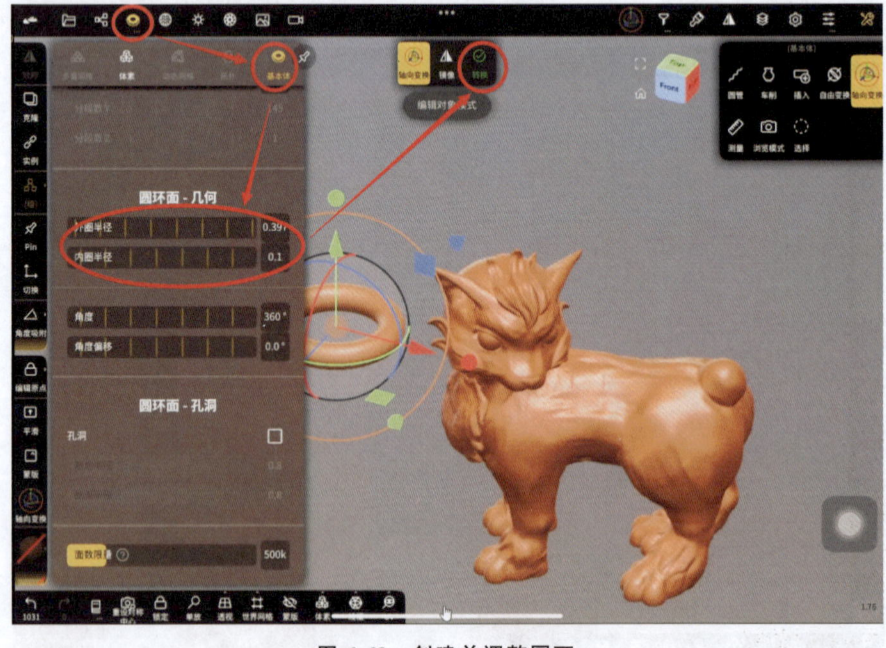

图 6-63 创建并调整圆环

步骤 49 用笔点击选中圆环模型，使用拖拽笔刷对其形状进行调整，将圆环做成椭圆的不规则链环（图 6-64）。

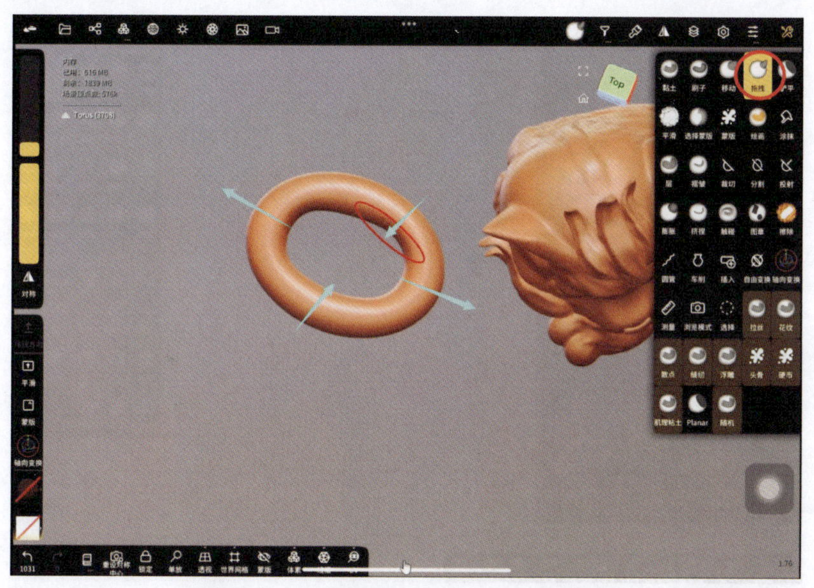

图 6-64 将圆环调整为椭圆不规则链环

步骤 50 保持链环模型处于选中状态，选择轴向变换工具，开启界面左栏【克隆】功能快捷按钮，将【角度吸附】参数设定为 90°，将链环模型复制一份且平移位置后旋转 90°，完成后的位置如图 6-65 所示。

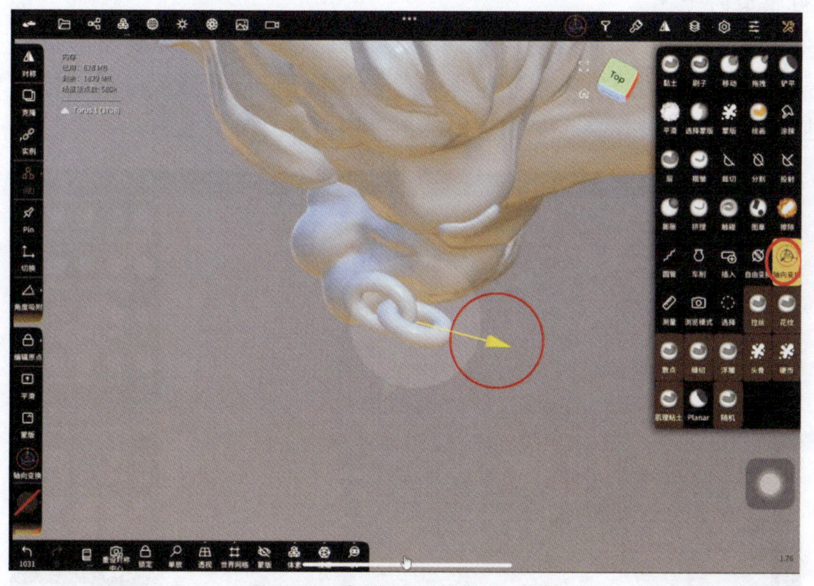

图 6-65 复制链环并平移、旋转

步骤 51 使用选择笔刷将两个链环模型选中后，开启顶栏场景菜单，先使用【连接】功能按钮将两个链环模型合并到同一个场景图层。然后选择【添加】—【Repeaters】—【曲线】(图 6-66),调整曲线形状,使其尽可能贴附颈部。最后根据链环模型间的间隙关系灵活调整【复制体个数】参数。

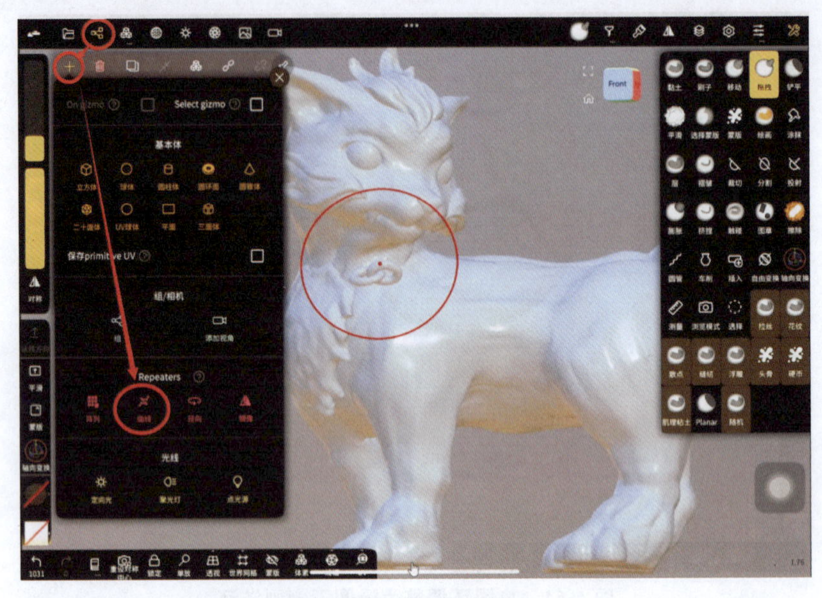

图 6-66　添加曲线阵列

注意 【曲线】的【Align】选项一定要开启,关闭后物体将不会根据曲线的走向自动调整方向。此外,必要时可以关闭【吸附】功能快捷按钮,这样可以避免在调整曲线形状时受其他模型的干扰。

步骤 52　接下来可以继续使用轴向变换工具调整单个链环模型的位置和旋转角度,因为通过曲线阵列功能生成的复制体自带实例效果,只要修改阵列后模型中的任一零件,其他复制体都会跟着一起发生变化(图 6-67)。

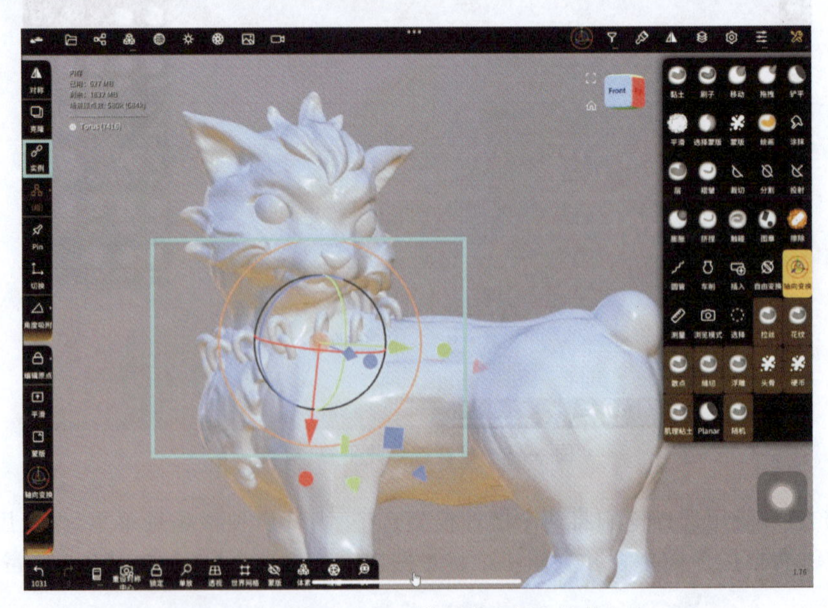

图 6-67　调整单个链环模型的位置和旋转角度

链环整体完成后效果如图 6-68 所示。

图 6-68 链环整体完成效果图

步骤 53 开启顶栏场景菜单，创建球体，配合轴向变换工具调整球体的位置和大小，完成胸前晶石模型的创建(图 6-69)。

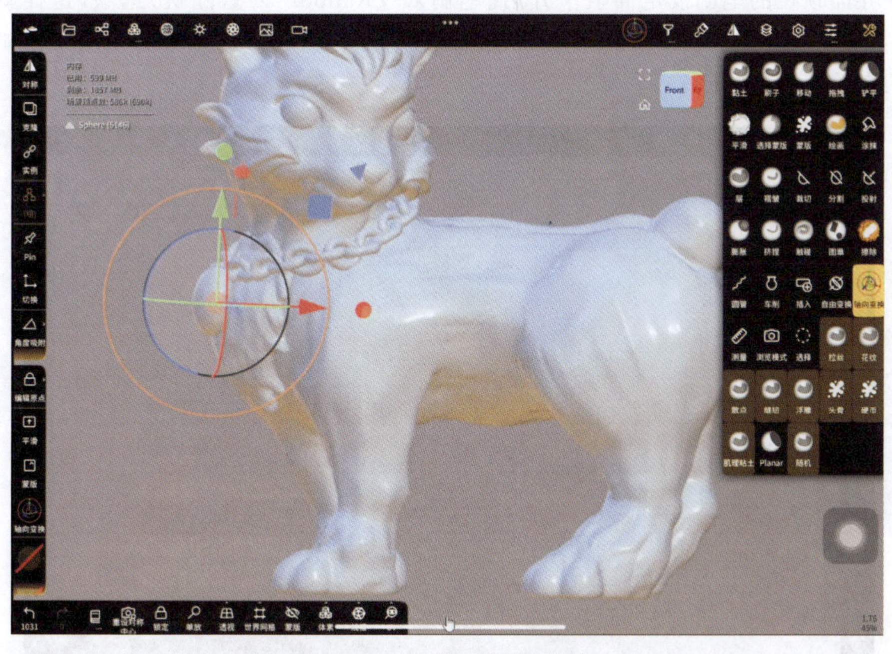

图 6-69 创建胸前晶石模型

步骤 54 选择黏土笔刷，开启界面左栏【反向】功能快捷按钮，再开启界面顶栏笔刷设定面板中的 Alpha 子面板，点击【Alpha】框，选择如图 6-70 所示的 Alpha 素材（Nomad 系统自带）。

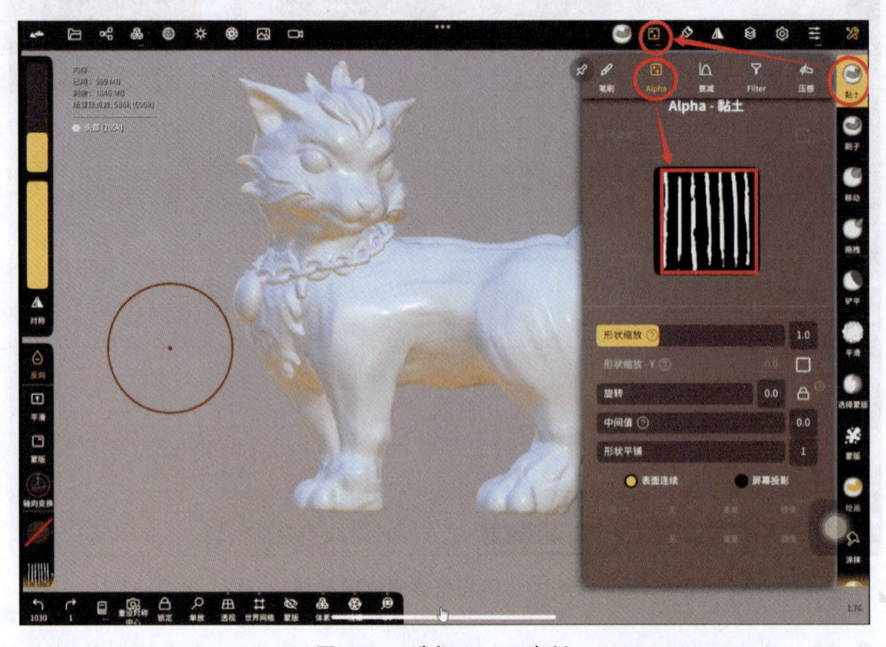

图 6-70　选择 Alpha 素材

在界面顶栏的笔刷设定面板中开启【笔刷】—【Randomize】（随机）选项，这样就开启了笔刷 Alpha 的随机变化模型，可以通过调整这个子栏目内的四个参数来实现笔刷笔触肌理的自然变化（图 6-71）。

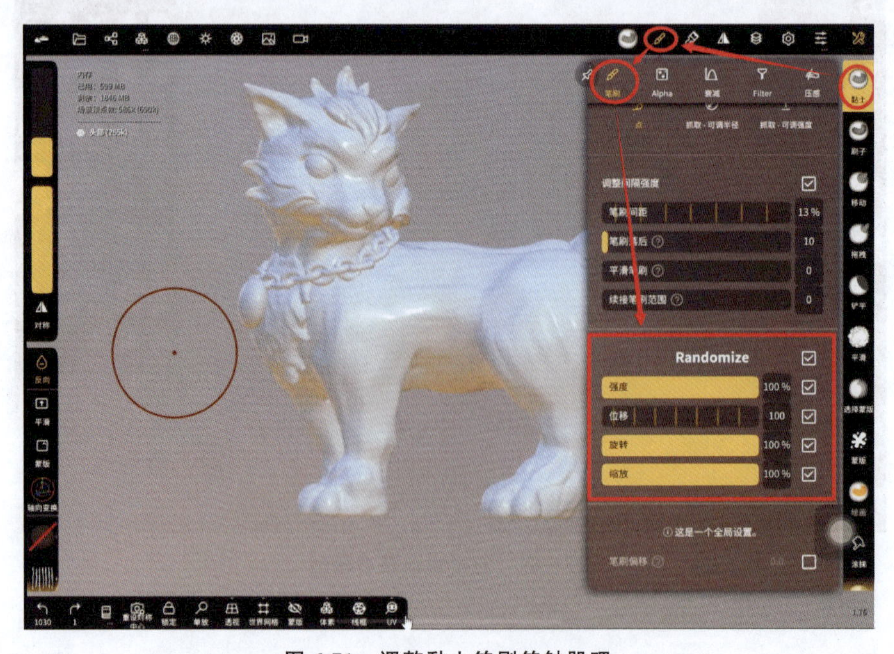

图 6-71　调整黏土笔刷笔触肌理

注意 本案例造型适合使用长笔触肌理，所以在 Randomize 参数中对位移参数进行了减弱处理。

使用调试完成的黏土笔刷在身体表面进行肌理雕刻，效果如图 6-72 所示。

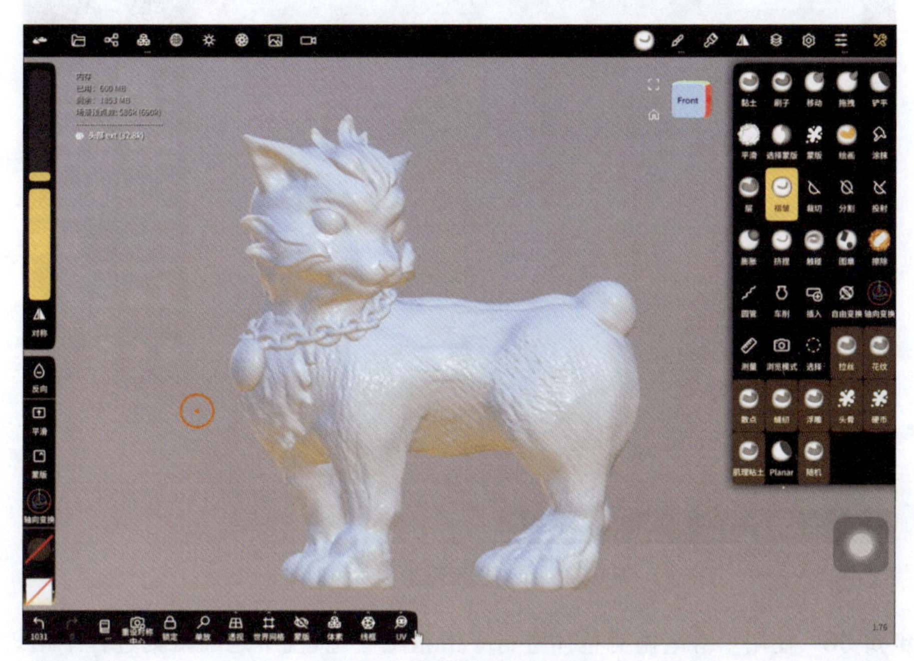

图 6-72 雕刻身体表面肌理

步骤 55 使用拖拽笔刷将尾巴尖拽出来，一共是高、中、低三个（图 6-73）。

图 6-73 拖拽出尾巴尖

使用褶皱笔刷完成尾部的毛发棱角和凹陷处雕刻(图 6-74)。

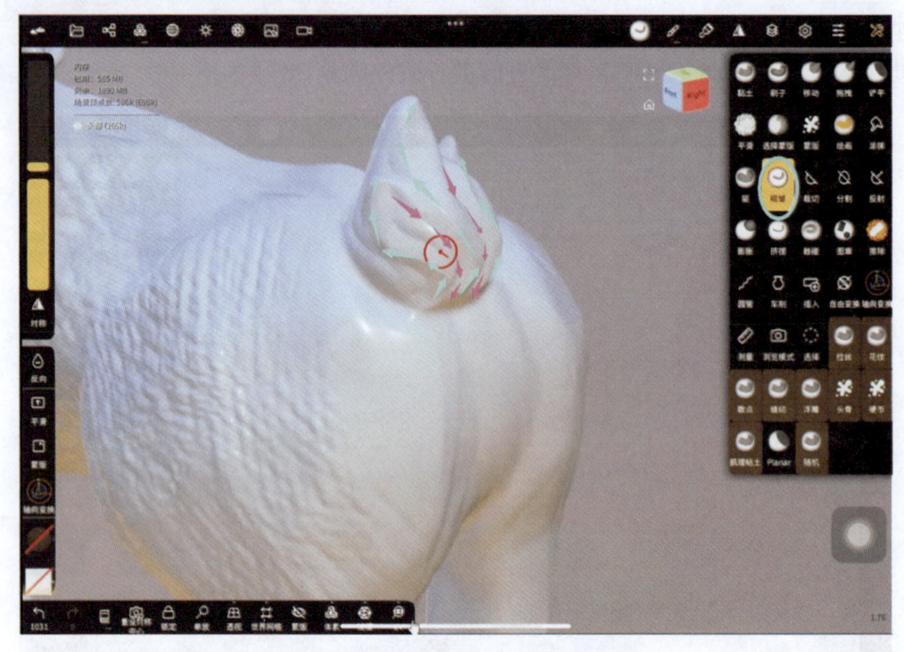

图 6-74　雕刻尾部毛发棱角和凹陷

步骤 56　使用平滑笔刷对整体进行平滑精细处理,抚平之前雕刻过程中出现的毛刺、凹坑等瑕疵(图 6-75)。

图 6-75　对模型整体进行平滑精细处理

用笔单击胸前晶石模型球体，选择铲平笔刷进行晶石刻面的雕刻（图 6-76）。

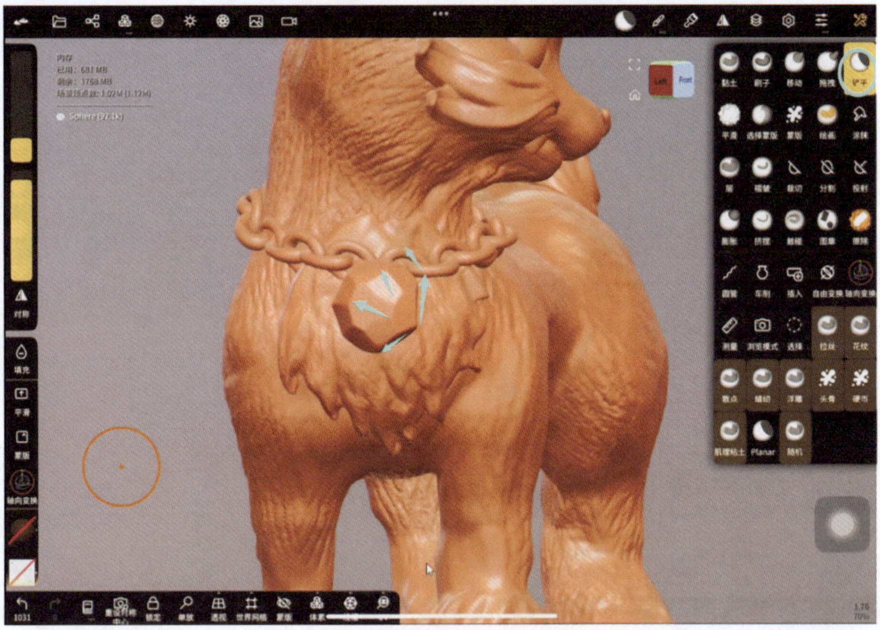

图 6-76　雕刻出晶石刻面

步骤 57　开启渲染模式菜单，选择【PBR】模式，使用绘画笔刷设定好材质相关参数后，点击【强制全部上色】功能按钮，对整个身体赋予一层底色材质（图 6-77）。

注意　若选择了【材质捕捉】模式，则无法使用绘画笔刷进行材质赋予。

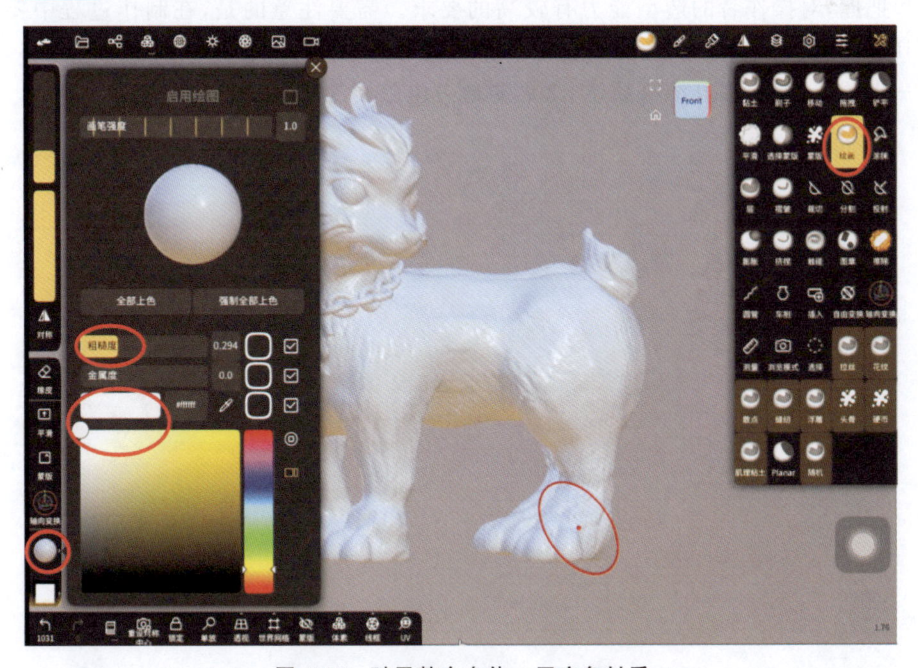

图 6-77　赋予整个身体一层底色材质

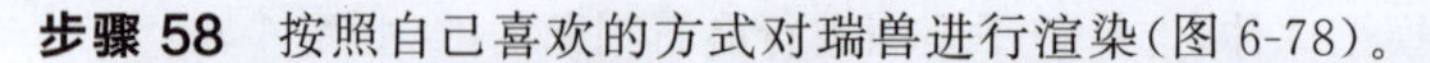

步骤 58 按照自己喜欢的方式对瑞兽进行渲染(图 6-78)。

图 6-78 对瑞兽造型进行渲染

【案例小结】

本案例操作过程比较复杂,几乎涉及了第一章中介绍的所有功能,有许多细节需要塑造和把握,对操作者的造型能力有较高的要求。需要注意的是,在制作过程中要时刻关注 iPad 内存的占用以及性能的变化情况。这个造型做完后模型面数相对比较多,如果想进一步塑造细节、提升渲染质感,就需要通过电脑端的相关软件去实现。